21世纪艺术设计学习领域实训系列

包装设计项目教学

主　编　吕　航

副主编　庞　涛

U0201671

中国水利水电出版社
www.waterpub.com.cn

内 容 提 要

　　本书是根据包装设计项目的特点编写的高职教材，以工作过程为导向，针对包装设计项目执行过程中所涉及的常规知识和内容进行讲解。

　　本书结合教学过程中的经验以及结合包装设计项目的特点，对包装设计项目制作环节的分析和梳理的基础上，针对六个工作任务深入浅出地将包装设计项目从客户洽谈到样品制作的各个环节进行深入细致地讲解，学生既能系统地了解包装设计项目的运作流程，又能掌握其中涉及的理论知识，有助于学生在毕业后快速地融入到工作中，结合自身特点，在工作中找到自己的位置。

　　本书适合高职院校艺术设计专业的教师与学生使用。

图书在版编目（CIP）数据

包装设计项目教学 / 吕航主编. -- 北京 : 中国水
利水电出版社，2012.6（2016.8重印）
21世纪艺术设计学习领域实训系列
ISBN 978-7-5084-9768-6

Ⅰ．①包… Ⅱ．①吕… Ⅲ．①包装设计－教材 Ⅳ.
①TB482

中国版本图书馆CIP数据核字(2012)第100119号

策划编辑：杨庆川　责任编辑：陈 洁　加工编辑：冯 玮　封面设计：新悦翔

书　　名	21世纪艺术设计学习领域实训系列 包装设计项目教学
作　　者	主　编 吕　航 副主编 庞　涛
出版发行	中国水利水电出版社 （北京市海淀区玉渊潭南路1号D座　100038） 网　址：www.waterpub.com.cn E-mail：mchannel@263.net（万水） 　　　　　sales@waterpub.com.cn 电　话：（010）68367658（发行部）、82562819（万水）
经　　售	北京科水图书销售中心（零售） 电　话：（010）88383994、63202643、68545874 全国各地新华书店和相关出版物销售网点
排　　版	北京万水电子信息有限公司
印　　刷	联城印刷（北京）有限公司
规　　格	210mm×285mm　16开本　8.5印张　187千字
版　　次	2012年6月第1版　2016年8月第2次印刷
印　　数	3001—5000册
定　　价	39.00元

编委会

总序

中国职业教育改革发展正处在重要战略机遇期，在开创科学发展新局面、服务社会经济发展方式、加快转变中，职业教育的地位和作用前所未有。

近年来，随着全国100所示范校建设项目的辐射带动，中国职业教育改革与探索的步伐正在稳步向前迈进。进入21世纪新纪元十余载，社会经济迅猛发展，艺术设计专业领域的行业企业对设计与制作人才的要求也不断变化，因此，为了适应企业的要求，培养高素质技能型的人才，职业教育的质量成为不断深化教育教学改革的关键环节。

本系列教材借鉴国外先进职业教育理念，吸取工作过程系统化课程开发的经验，配合探索基于工作过程的课程设计，致力于高等职业教育教学改革和人才培养教学模式的探究。

工作过程系统化课程设计中"学习领域"可以等同于以往"课程"这一概念，但它绝非是我们对传统"课程"的理解。它是将以教师讲授知识为主转变为以学生为主体，通过项目教学采用任务驱动或教学做一体化的方式实施教学，是对传统教学模式的改革。一方面，教学内容以职业活动为依据，按照设计行业中相关工作岗位所需要的知识、能力、素质进行重构，如将学习领域中的知识点及关键技能融入到各学习情境（学习单元）中，由易到难分解一个项目中的具体工作任务，从单一项目到综合项目及其工作流程的常规运作来整合、序化教学内容。另一方面，教学方法设计遵循学生职业能力培养的基本规律进行组织，如结合项目执行内容和学生学习的兴趣点，灵活采取模拟企业职员的角色扮演、职业体验、真实案例解析等情境化手段，并模拟公司创建具有浓郁工作氛围的工作室环境，优化教学过程，以达到不断提高学生实际工作能力的目的。

本系列教材的编写就是基于上述教改主旨所进行的探索和实践。全套共12册，涉及广告、动漫、家居、服装、展示等艺术设计专业类别；汇集多所高职院校和相关企业行业专家组成的教学团队，凭借他们在高职一线教学阵地丰富的执教经验，并融入行业企业专家丰富的企业经历和职业教育的亲身感受，共同编写而成。通过他们在不同层面的教育教学改革，转变观念，达成共识，体现出各艺术设计专业建设的改革创新已达到一定水准，我们愿与广大的高职学生以及相关行业企业的从业人员分享这些成果，从而成就更多的艺术设计应用型人才，惠及社会，服务于民。

北京电子科技职业学院

艺术设计学院院长　戴莛

2011年2月

前言

　　以工作过程为导向的职业教育理论是德国20世纪90年代以来针对传统职业教育与真实工作世界相脱离的弊端，以及企业对生产一线技术型、技能型人才提出的"不仅要具有适应工作世界的能力，而且要具有从对经济、社会和生态负责的角度建构或参与建构工作世界的能力"的要求，由德国著名的职业教育学者Rauner教授和他的团队——德国不来梅大学技术与教育研究所的研究者们，在一系列研究成果的基础上形成的。20世纪初，以工作过程为导向的职业教育被零星地介绍到我国，尽管并不系统，但一些核心思想已经被我国职业教育界所接受，并对我国近年来职业教育领域，特别是课程领域产生了深远的影响，如任务引领型课程模式基本上是按照工作过程导向职业教育的核心思想构建的。

　　《包装设计项目教学》一书基于以工作过程为导向的职业教育理论，从入门概念性知识到职业关联性知识、从艺术创新到技术培养、从理论知识到任务驱动的执行，整个项目教学重点培养学生在设计项目中的实战能力，包括必备的行业理论知识、实践动手能力的培养、创新能力的开发等，使课堂知识的传授从单一的理论填鸭式转换到结合实际工作过程的知识讲解。本书结合教学过程中的经验以及结合包装设计项目的特点，对包装设计项目的制作环节的分析和梳理的基础上，针对六个工作任务深入浅出地将包装设计项目从客户洽谈到样品制作的各个环节进行深入细致地讲解，学生既能系统地了解包装设计项目的运作流程，又能掌握其中涉及的理论知识，有助于学生在毕业后快速地融入到工作中，结合自身特点，在工作中找到自己的位置。

　　本书由吕航任主编，参与本书编撰工作的人员还有张竣、刘萍、邵赞等。由于全书整理时间仓促，不可避免地存在这样或那样的不足，而且学识水平有限，虽竭智尽力，仍难免谬误，恳请专家、同行、学者给予批评指正。

编者

2012年2月

目录

第 1 章

包装设计项目任务综述

任务目的：

了解包装设计项目任务的特点过程及相关知识点。

必备知识：

1. 具备基本创意设计与印刷工艺等知识。

2. 具备设计软件应用能力、包装效果图设计能力。

3. 具备刻苦、认真的学习态度。

任务描述：

认知包装设计项目涉及的任务。

工作步骤：

讲授、查阅资料、调研、讨论、归纳。

1.1 何谓包装

1.1.1 包装的定义

从字面上讲，"包装"一词是并列结构，"包"即包裹，"装"即装饰，意思是把物品包裹、装饰起来。从设计角度上讲，"包"是用一定的材料把东西裹起来，其根本目的是使东西不易受损，方便运输，这是实用科学的范畴，是属于物质的概念；"装"指事物的修饰点缀。这是指把包裹好的东西用不同的手法进行美化装饰，使包裹在外表看上去更漂亮，这是美学范畴，是属于文化的概念。单纯地讲，"包装"是将这两种概念合理有效地融为一体。如图1-1和图1-2所示。

从广义上讲，一切事物的外部形式都是包装。如图1-3至图1-5所示。

图1-1　食品包装设计

图1-2　饮料包装设计

1.1.2 中国及其他国家包装用语辞典中对包装的定义

1．中国国国家标准GB/T4122.1—1996《包装通用性术语及其定义》中规定，包装的定义是："为在流通过程中保护产品、方便储运、促进销售，按一定技术方法而采用的容器、材料及辅助物等的总体名称。也指为了达到上述目的而采用容器、材料和辅助物的过程中施加一定技术方法等的操作活动。"

2．美国包装定义：包装是为产品的运输和销售的准备行为（美国包装协会《包装用语集》）。

3．英国包装定义：包装是为货物的运输和销售所做的艺术、科学和技术上的准备工作（英国规格协会《包装用语辞典》）。

4．加拿大包装定义：包装是将产品由供应者送到顾客或消费者手中而能保持产品处于完好状态的工具（加拿大包装协会）。

5．日本包装定义：包装是使用适当的材料、容器而施以技术，使产品安全到达目的地，即产品在运输和保管过程中能保护其内容物品及维护产品之价值（日本《包装用语辞典》）。

关于包装的定义众说纷纭。由于每个时期经济发展不同，对商品的需求也不同，每个国家的社会状况不同，对包装的含义有不同的表述和理解，但基本意思是一致的，都以包装功能和作用为其核心内容，一般有两重含义：

①关于盛装商品的容器、材料及辅助物品，即包装物。

②关于实施盛装和封缄、包扎等的技术活动。

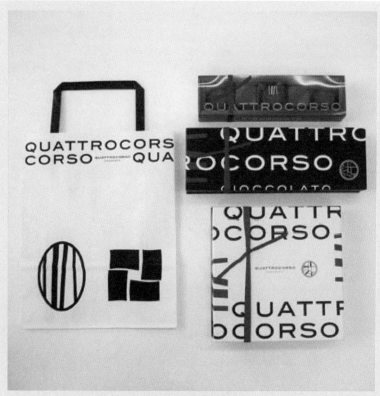

图1-3　系列包装设计

图1-4　包装设计

图1-5　包装设计

1.1.3　包装与设计

1．包装与品牌营销策划

可口可乐与百事可乐经典之战

美国可口可乐与百事可乐作为世界级饮料，名声之大，无人不晓。"本是同根生"的两位"兄弟"，由于品质酷似（色泽红、味甜、多泡）而注定成了天生冤家。多少年来发生在这两位饮料巨人之间的旷日持久的竞争也堪称世界之最。其中在包装方面的竞争，更是"魔高一尺，道高一丈"，其竞争手法之多、之新奇、之高妙，也被视为世界典范。

可口可乐问世于1886年，独特的商标名"Coca-Cola"采用飘逸的手写体，配以弧线飘带装饰，流畅别致，在包装上沿用至今。装饰采用红底白字，而红色在西方素有"销售色"之称，这款红底白字的包装设计简洁悦目，有很强的识别性和吸引力，即使在今天来看，它也仍不落伍。

百事可乐于1899年诞生，它在装饰设计上首先考虑的就是超越可口可乐，百事可乐的装演图案为方圆中有弧，弧中有品牌字体，静中有动，动中有静。在色彩上除了采用红白两色外，还增加了一种蓝色，蓝色是一种"世界色"，红白蓝的配色，冷暖适宜，视觉感观舒畅。世界上许多国家喜用这三色搭配，不少国旗就由这三色组成。从包装来看，"百事"的确比"可口"醒目。如图1-6所示。

可口可乐与百事可乐在包装上的竞争激烈，一方面争先恐后地用金属铝易拉罐武装自己的产品，另一方面又无时无刻不在包装材料、容器装横上加紧研究创新。

2．包装与VI设计

Vincon shop手提袋设计，如图1-7所示。

MENOS 饮料包装与VI设计，如图1-8和图1-9所示。

图1-6　可乐包装设计

图1-7　手提袋设计

图1-8　饮料包装设计

图1-9　VI设计

1.2　包装常识与包装设计

1.2.1　包装设计的功能

1. 保护功能

对于包装来说，保护产品是第一位的，再好看的包装不能达到保护产品的功能就不是成功的包装。包装的材料与结构要根据产品的材料与造型进行合理的设计，要做到既经济又坚固，具有保护产品的功能。如图1-10所示。

图1-10　铅笔包装设计

2. 便利功能

包装设计造型与材料必须便于生产，包装产品的装置操作方便，便于装置；包装造型尽可能方正，便于运输；包装容量大小、规格、尺寸的合理设计，便于销售和使用。如图1-11所示。

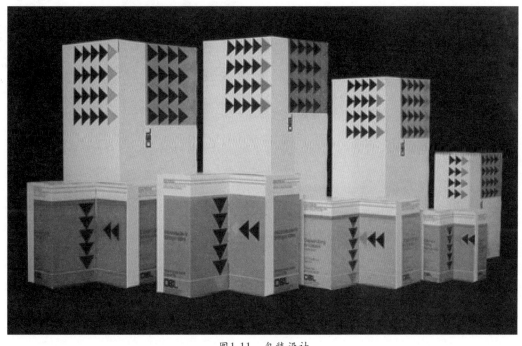

图1-11　包装设计

3．商业功能

包装要符合消费者心理，它是无声的售货员，在设计上要新颖，根据不同的消费人群使用不同的包装造型、图形、色彩和字体，以促进消费者的购买，同时传达产品的类别、品质、产品名称、容量、地址、使用方法等信息，引导和指导消费者的购买行为。

1.2.2　包装设计的分类

1．按产品内容分类

日用品类、食品类、烟酒类、化装品类、医药类、文体类、工艺品类、化学品类、五金家电类、纺织品类、儿童玩具类、土特产类等。

2．按产品性质分类

（1）销售包装

销售包装又称商业包装，可分为内销包装、外销包装、礼品包装、经济包装等。销售包装是直接面向消费的，因此，在设计时，要有一个准确的定位符合商品的诉求对象，力求简洁大方，方便实用，而又能体现商品性。

（2）储运包装

储运包装，也就是以商品的储存或运输为目的的包装。它主要在厂家与分销商、卖场之间流通，便于产品的搬运与计数。

3．按包装形状分类

按包装形状分为：内包装、中包装、外包装

4．按包装材料分类

不同的商品，考虑到它的运输过程与展示效果等，所以使用材料也不尽相同。如纸包装、金属包装、玻璃包装、木包装、陶瓷包装、塑料包装、棉麻包装、布包装等。如图1-12所示。

图1-12　饮料包装设计

1.2.3　包装上的认证标志

1．中国产品认证机构国家认可标志

（1）长城标志

长城标志又称CCEE安全认证标志，为电工产品专用认证标志。如图1-13所示。

图1-13　国内产品认证标识

（2）PRC标志

PRC标志为电子元器件专用认证标志，其颜色及其印制必须遵守国务院标准化行政主管部门，以及中国电子元器件质量认证委员会有关认证标志管理办法的规定。

（3）方圆标志

方圆标志分合格认证标志和安全认证标志，获准合格认证的产品，使用合格认证标志；获准安全认证的产品，使用安全认证标志。

（4）中国包装产品质量认证标志

中国包装产品质量认证标志是在方圆标志基础上，结合包装产品的特点，采用包装通行设计的"包"字图案设计而成，分合格认证标志和安全认证标志，印刷颜色为蓝、白两色，白色为背景，标志图案为蓝色。

（5）DC标志

DC标志即中国药品认证标志，是在方圆标志基础上，结合药品管理的特点设计而成，取"方圆"之意，体现了国家药品认证的权威性和严肃性。其主题图案由"药品认证"（Drug Certification）的英文字头组成，内环白色部分是字母D，外坏黑色部分是字母C，图案中心的黑色图案是药品片剂的模式图，表示该标志的主体是药品制剂，印刷颜色为绿底白色。

（6）CMD标志

CMD标志即中国医疗器械产品认证标志，是在方圆标志基础上，结合医疗器械产品的特点设计而成，采用"中国医疗器械产品认证委员会"（China Certification Committee for Medical Devices）的英文缩写的CMD构图。分合格认证标志和安全认证标志，印刷颜色为蓝、白两色，蓝色为背景，英文字母为白色。

（7）绿色食品标志

绿色食品标志提醒人们要保护环境和防止污染，通过改善人与环境的关系，创造自然界新的和谐。它注册在以食品为主的共九大类食品上，并扩展到肥料等绿色食品相关类产品。绿色食品标志作为一种产品质量证明商标，其商标专用权受《中华人民共和国商标法》保护。

2．国际商品质量认证标志

（1）UL认证标志

UL是美国保险商实验室，它是一个国际认可的安全检验及UL标志的授权机构，对机电包括民用电器类产品颁发安全保证标志。部分UL安全标准被美国政府采纳为国家标准。产品要行销美国市场，UL认证标志是不可缺少的条件。

（2）CE标志

CE标志是欧洲共同市场安全标志，是一种宣称产品符合欧盟相关指令的标识。使用CE标志是欧盟成员对销售产品的强制性要求。目前欧盟已颁布12类产品指令，主要有玩具、低压电器、医疗设备、电讯终端（电话类）、自动衡器、电磁兼容、机械等。

（3）GS标志

GS标志是德国安全认证标志，它是德国劳工部授权由特殊的TUV法人机构实施的一种在世界各地进行产品销售的欧洲认证标志。GS标志虽然不是法律强制要求，但是它确实能在产品发生故障而造成意外事故时，使制造商受到严格的德国（欧洲）产品安全法的约束，所以GS标志是强有力的市场工具，能增强顾客的信心及购买欲望，通常GS认证产品销售单价更高而且更加畅销。

（4）CB标志

CB制度是国际电工委员会（IECEE）建立的一套全球性互认制度，全球有34个国家的45个认证机构参加这一互认制度，这一组织的成员国及成员机构正在不断扩大。企业从其中一个认证机构取得CB证书后，可以较方便地转换成其他机构的认证证书，由此取得进入相关国家市场的准入证。CB制度的成员国包含了所有中国机电产品的重要出口地区：美国、日本、西欧、北欧、波兰、俄国、东盟、南非、澳大利亚和新西兰等。

（5）EMC认证标志

欧共体政府规定，从1996年1月1日起，所有电气电子产品必须通过EMC认证，加贴CE标志后才能在欧共体市场上销售。此举在世界上引起广泛反响，各国政府纷纷采取措施，对电气电子产品的EMC性能实行强制性管理。国家标准GM4343《家用和类似用途电动、电热器具，电动工具以及类似电器无线电干扰特性测量方法和限值》已于1996年12月1日起强制实施，国内的家用电器生产厂家必须尽早行动起来，重视EMC认证工作，了解和提高产品EMC性能，紧随EMC认证的新形势，以取得市场上的主动地位。

（6）国际羊毛标志

国际羊毛标志是国际通用的供消费者识别优良品质羊毛产品的标志。使用羊毛标志的产品，其生产过程必须受到严格控制，其成品出厂前须经抽样检验，合格后由国际羊毛事务局授权使用羊毛标志。如图1-14所示。

图1-14　国外产品认证标识

各国产品认证标识如图1-15所示。

国家 Country	认可标志 Mark	国家 Country	认可标志 Mark
中　国 China	（CCC）（CQC）CB	法　国 France	NF
欧　洲 Europe	CE En/en	荷　兰 Holland	KEMA KEUR
德　国 Germany	ÖVE △ GS	瑞　士 Switzerland	+S
美　国 USA	UL FC ETL	奥地利 Austria	ÖVE
日　本 Japan	PSE PSE S	意大利 Italy	
加拿大 Canada	CSA	俄罗斯 Russia	PC
巴　西 Brasil	INMETRO UC	澳　洲 Australia	C
挪　威 Norway	N	韩　国 Korea	MIC K
丹　麦 Demark	D	新加坡 Singapore	SAFETY MARK 123456-00
芬　兰 Finland	FI	以色列 Israel	
瑞　典 Sweden	S	南　非 South Africa	SABS
英　国 England		阿根廷 Argentina	
比利时 Belium	CEBDC		

图1-15　各国产品认证标识

■ 1.3　包装设计项目

1.3.1　包装设计项目操作流程

包装设计项目操作流程如表1-1所示。

表1-1　操作流程图

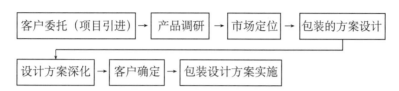

1.3.2　包装设计项目教学

包装设计的工作任务及职业能力与素质要求如表1-2所示。

表1-2　核心岗位的典型工作任务及其职业能力与素质要求

对应核心岗位	典型工作任务	职业能力与素质要求
包装设计师	包装设计与制作	1．有扎实的美术功底，能够独立实现造型表现；
		2．精通Photoshop、Flash、Dreamweaver、Illustrator等设计制作软件；
		3．有较强的创意设计能力，能独立并快速地完成设计创意；
		4．了解包装的结构和制作工艺；
		5．掌握包装效果图的绘制和表现方法；
		6．掌握包装的材质、机理和使用方法；
		7．了解印刷及后期制作工艺知识；
		8．能认真倾听，细心观察，根据对象反馈，及时调整以便交流的顺利进行；
		9．具有良好的团队合作精神，责任心强；
		10．能处理好人际关系，比较善于沟通；
		11．具有良好的口头表达能力，能够准确生动地阐述作品的设计思路；
		12．能负责美术设计项目的整体策划；
		13．熟悉PC及MAC设计文件的使用、修改、数码资料的处理。

1.3.3 包装设计项目教学具体实施

具体实施如表1-3所示。

表1-3 "包装设计与制作"课程设置

课程名称	职业能力与素质要求	学习内容概要	基准学时
包装设计与制作	职业素质要求： 1. 具有借助现代工具搜集信息、获得新知识的能力； 2. 工作态度虚心、勤恳、认真、踏实肯干； 3. 具有良好的团队合作精神，责任心强； 4. 具有较高的审美能力； 5. 比较善于沟通、能处理好人际关系； 6. 具有良好的文字表达能力； 7. 有扎实的美术功底，能够独立实现造型表现； 8. 具有良好的口头表达能力，能够准确生动地阐述作品的设计思路。 职业能力要求： 1. 根据不同设计内容，设计并能制作出符合印刷要求的包装成品； 2. 掌握包装设计的构成规律及表现技法； 3. 掌握包装设计与工艺，产品性能及美学的规律； 4. 了解国内外包装的发展趋势； 5. 了解当前包装设计的解决方案； 6. 熟悉PC及MAC设计文件的使用、修改、数码资料的处理。	1. 立体包装制作； 2. 包装设计印前技术； 3. 包装效果图； 4. 包装设计。	198

作业练习与思考

1. 包装设计的学习流程是什么？

2. 包装的定义是什么？

3. 包装设计的工作实践流程是怎样的？

4. 举例说明包装常识与包装设计的关系。

第 2 章
包装设计项目的引进

任务目的：

了解包装设计项目流程中各个环节的特点及相关知识点。

必备知识：

1. 调研分析能力：搜集资料、整理资料的能力，分析资料，确定设计方向，对设计思路、设计方法的综合、概括能力。

2. 表述能力：口头表达能力、书面表述能力。

3. 实践能力：创意与设计能力、操作技能、印刷知识。

任务描述：

认知包装设计流程及各个环节的注意事项。

工作步骤：

讲授、查阅资料、调研、讨论、归纳、设计实操。

任务一：与客户接洽项目

■ 2.1 客户委托

2.1.1 客户委托设计的原因

一般认为，包装是产品的最后一道工序，没有包装的产品便难以进行流通。通常客户（厂商）委托设计师设计包装的原因有以下几个方面：

(1) 开发新产品。

(2) 开拓新市场。

(3) 配合新的销售策略改善包装。

(4) 竞争者之包装更胜一筹。

(5) 竞争者开发同类新产品，如新口味、新配方等。

(6) 竞争者改善包装。

(7) 有新的竞争品牌出现。

(8) 有较高效率的包装设备可利用。

(9) 有便宜或较好的材料可运用。

(10) 计划改变公司产品的特征。

知识链接：

● 在设计公司一般需要从客户方了解到以下常规信息：

What（商品类型）

How（品质和价值）

Where（售卖地点）

When（委托时间）

Why（委托需求目的）

● 客户对包装设计的委托要求大致会有以下类型：

（1）从无到有的设计过程——全新产品的包装设计。

（2）对原有产品的包装设计进行改良的设计过程——保守的设计变化（延续原有的风格），推翻原有的设计，进行突变的设计变化（再次创新设计）。

2.1.2 常见的包装设计项目

1. 化妆品类（如图2-1至图2-3所示）

图2-1 化妆品包装

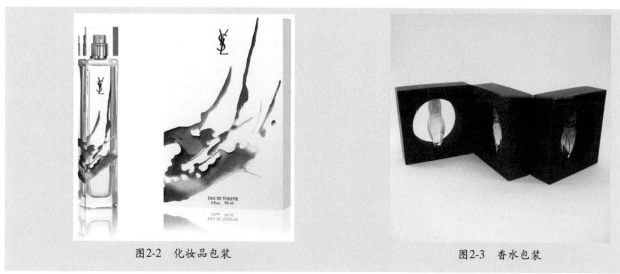

图2-2　化妆品包装

图2-3　香水包装

2．食品类（如图2-4至图2-7所示）

图2-4　食品包装

图2-5　食品包装

图2-6　食品包装

图2-7　食品包装

3．酒类（如图2-8至图2-10所示）

图2-8　啤酒包装

图2-9　黄酒包装

图2-10　酒包装

4．土特产类（如图2-11和图2-12所示）

图2-11　特产果蔬包装

图2-12　特产果蔬包装

5．工艺品类（如图2-13所示）

图2-13　工艺品包装

6．日用品类（如图2-14至图2-17所示）

图2-14　日用品包装

图2-15　日用品包装

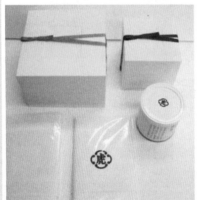

图2-16　日用品包装

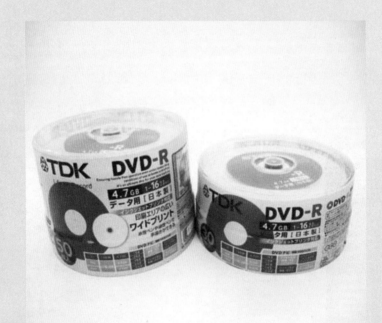

图2-17　光盘包装

2.1.3 客户委托设计包装的主要目的

1．企业形象的树立与推广

包装设计是一个产品的"外观"，它必须使产品很容易与其他牌子的产品中区分出来。例如，现在不少商品在市场上已饱和，如饮料和化妆品，它的外观、成分和效果几乎是相同的。在众多的同类产品中，为了提高某一产品在市场中的竞争力，它必须具有某种特殊与个性的东西，以引起消费者的兴趣。用市场营销的术语来说，这叫"展示特色"，为了达到这一目的，所有影响产品销售的因素——产品包装的形象，包括形、色、文字等都必须充分考虑。

从根本上说，一种产品的区分性依赖于制造和销售这种产品的公司的特色。一个公司在市场上与其他公司有不同的特色这个概念已被作为企业形象（CI）而为人们认知的。通过CI，已经在对外和对内管理两方面均达到了他们的目标。这样，为了使自己的产品区别于其他产品，包括包装设计在内，有必要设计一个企业视觉形象。为了取得CI的完整效果，这个设计必须以产品开发战略为中心，用"文化"的方式体现出来，使企业不仅能强调其产品不同于其他的竞争者，而且也展示了企业本身的特性，从这个意义上看，包装设计是一个企业的公众形象树立与推广的重要环节。如图2-18所示。

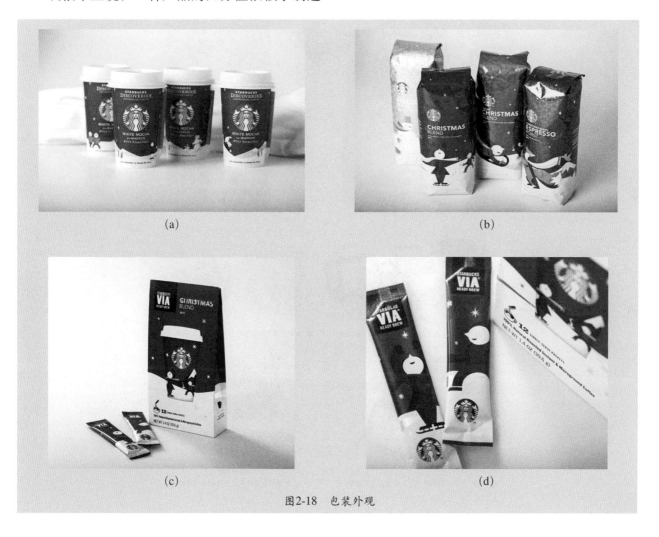

(a)　　　　　　　　　　　　(b)

(c)　　　　　　　　　　　　(d)

图2-18　包装外观

因此，商品的包装设计被称为"无言的推销员"。一项市场调查表明：家庭主妇到超级市场购物时，由于精美的包装的吸引而购买的商品通常超过预算的45%左右，足见包装的魅力之大。包装设计已成为现代商品生产和营销最重要的环节之一。

2．广告宣传

包装已成为各种消费型产品进行市场营销的主要载体。包装设计还有另一种重要作用，即作为传播媒体，包装设计必须真实地把产品介绍给消费者，这种产品，已通过销售人员和大众媒体的活动给予了象征意义。因此包装设计能够在许多产品方面充当有效的交流媒体。在广告中，包装设计可以赋予广告本身一个鲜明的个性。当产品在零售商店的橱窗或货架上摆设出来，包装就充当了高效的POP 广告形式。无须说明，包装设计必须同时考虑到货架上商品的形象和设计的广告效果。包装的作用不只限于产品被买之时，当消费者将产品带回家，其包装可以被朋友、邻居、路人看见，这就像移动广告一样。如图2-19所示。

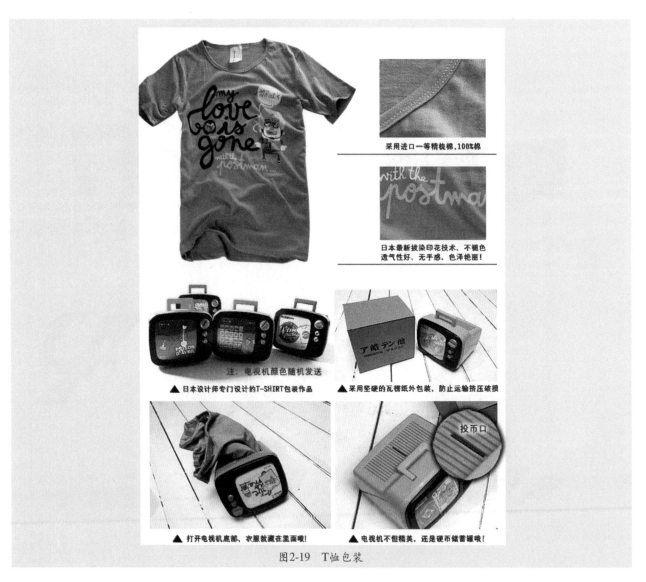

图2-19　T恤包装

任务二：产品调研

2.2　产品调研

包装设计师接受委托设计后，需与委托单位进行接触，了解产品开发特性、生产、采购、市场区域、消费者情况、法令规章等各种要素。掌握的变化因素越多，对设计策划的拟订就越加详尽、完整。具体来说，包括以下几个方面：

（1）征询及了解委托客户希望包装上表达出什么特色。

（2）调查竞争对手的包装，了解不同品牌之优劣点。

（3）研究厂商委托的产品流行性现状与发展趋势。

（4）测定委托厂商市场销售策略的主要变数，如是否要强调新产品、新工艺。

（5）测定该产品的消费者研究、消费行为研究、销售地区研究等详尽综合信息。

（6）相关参考资料的搜集。

知识链接：

调研样题：如表2-1所示。

表2-1　填写和勾选

1．该产品的价格是多少？能接受吗？
价格（元）：_____
便宜　　　　还行　　　　贵
2．该产品的包装外观，你喜欢吗？喜欢哪部分？
喜欢　　　一般　　　不喜欢
图形　　　字体　　　色彩　　　款式造型
3．该产品的包装功能，你喜欢吗？喜欢哪部分？
喜欢　　　一般　　　不喜欢
取出方便　　结构美观　　携带方便

调研样表：如表2-2所示。

表2-2　XXX品牌XXX商品包装资料信息表

商品名称							备注
图形图片（摄影）	正面	背面	顶面	底面	左侧	右侧	
包装造型（摄影）	角度01			角度02			
结构特点（摄影）	外部			内部			
容器造型（摄影）	角度01			角度02			
文字特点							

包装材料	摄影		说明			
商品环境	环境01		环境02		环境03	
设计状态	单个包装	系列包装	普通包装	礼品包装	节日包装	
价格区间						
购买群体						
销售状态	快	中等	慢	滞销		
促销方式	有　　　无					
广告形态	路牌	有	频率	高	中	低	间断性
	电视	有					
	报纸	有					
	杂志	有					
	网络	有					
	DM	有					
综合评价						

任务三：商品市场定位与包装设计定位

■ 2.3 市场定位及其相关理论

2.3.1 市场定位的概念

所谓市场定位，就是根据竞争者现有产品在市场上所处的位置，针对消费者对该产品某种特征或属性的重要程度，强有力地塑造出本企业产品与众不同的、给人印象鲜明的个性或形象，并把这种形象生动地传递给消费者，从而使该产品在市场上确定适当的位置。也可以说，市场定位是塑造一种产品在市场上的位置，这种位置取决于消费者或用户怎样认识这种产品。企业一旦选择了目标市场，就要在目标市场上进行产品的市场定位。市场定位是企业全面战略计划中的一个重要组成部分。它关系到企业及其产品如何与众不同，与竞争者相比是多么突出。

2.3.2 市场定位策略实施的步骤

1．识别可能的竞争优势

消费者一般都选择那些给他们带来最大价值的产品和服务。因此，赢得和保持顾客的关键是比竞争者更好地理解顾客的需要和购买过程，以及向他们提供更多的价值。通过提供比竞争者较低的价格，或者是提供更多的价值以使较高的价格显得合理。企业可以把自己的市场定位为：向目标市场提供优越的价值，从而企业可赢得竞争优势。

产品差异：企业可以使自己的产品区别于其他产品。服务差异：除了靠实际产品区别外，企业还可以使其与产品有关的服务不同于其他企业。人员差异：企业可通过雇用和训练比竞争对手好的人员取得很强的竞争优势。形象差异：即使竞争的产品看起来很相似，购买者也会根据企业或品牌形象观察出不同来。因此，企业通过建立形象使自己不同于竞争对手。

2. 选择合适的竞争优势

假定企业已很幸运地发现了若干个潜在的竞争优势。现在，企业必须选择其中几个竞争优势，据以建立起市场定位战略。企业必须决定促销多少种，以及哪几种优势。许多营销商认为企业针对目标市场只需大力促销一种利益，其他的经销商则认为企业的定位应多于7个不同的因素。

总地来说，企业需要避免三种主要的市场定位错误。第一种是定位过低，即根本没有真正为企业定好位。第二种错误是过高定位，即传递给购买者的公司形象太窄。最后，企业必须避免混乱定位，给购买者一个混乱的企业形象。

3. 传播和送达选定的市场定位

一旦选择好市场定位，企业就必须采取切实步骤把理想的市场定位传达给目标消费者。企业所有的市场营销组合必须支持这一市场定位战略。给企业定位要求有具体的行动而不是空谈。

4. 市场定位策略的有效性条件

并非所有的商品差异化都是有意义的或者是有价值的，也非每一种差异都是一个差异化手段。每一种差异都可能增加公司成本，当然也可能增加顾客利益。所以，公司必须谨慎选择能使其与竞争者相区别的途径。有效的差异化应满足下列各原则：

重要性：该差异能给目标购买者带来高价值的利益。

专有性：竞争对手无法提供这一差异，或者企业不能以一种更加与众不同的方法来提供该差异。

优越性：该差异优越于其他可使顾客获得同样利益的办法。

感知性：该差异实实在在，可为购买者感知。

不易模仿性：竞争对手不能够轻易地复制出此差异。

可支付性：购买者有能力支付这一差异。

可盈利性：企业能从此差异中获利。

2.3.3　包装设计的定位

1. 品牌定位

品牌标明了"我是谁"，"我代表的是什么企业"。对于商品与企业来说，品牌十分重要，它应当是产品质量与企业信誉的保证。

（1）品牌的概念

品牌即商标，经过注册，受到法律的保护。同一厂家用同一商标生产不同品名的产品，如海尔集团生产的洗衣机、空调、冰箱、彩电等家电系列产品。也有厂家生产一种产品，却拥有多种商标，如"娃哈哈"品牌就注册了"哈哈娃"、"娃哈娃"、"哈娃哈"、"娃娃哈"五个可以按序排列的商标，其目的在于防止他人假冒。

品牌定位要求包装画面突出商标牌号，如可口可乐饮料、百事可乐饮料、万宝路香烟、雀巢咖啡，均以牌号给人留下了较深的印象。如图2-20和图2-21所示。

（2）品牌定位的要素

品牌定位有三个方面要予以考虑，即色彩、图形、文字。

①色彩。一般厂商都选定一种或几种色彩来表现商标形象，成为能给消费者以较强视觉冲击力的标志色，如可口可乐公司的大红色与白色；富士胶卷公司的中绿色、红色与白色；柯达公司的中黄色、黑色与朱红色，这些已成为品牌固定的形象色。

图2-20 雀巢咖啡标志

图2-21 可口可乐标志

②图形。图形包括商标形象、辅助标志、系列标志及造型等，如万宝路香烟的旗形，可口可乐饮料的S形白色带等，又如卡西欧电子产品的阿童木卡通形象等，在消费者的印象中这种特定的形象已与品牌联系在一起了。

③文字。特定的字体是品牌间相互区别的显著手法，如可口可乐流畅的花体字、雀巢咖啡的

外文变体等。利用文字本身的装饰特征可以给消费者一目了然的视觉效应。

2. 品牌分割定位

对已经在市场上占有一定销售量的商品进行分割，采用多种商标策略，在国内还不多见，国外较多使用。美国可口可乐公司也善于用此策略，当可口可乐销售量达到惊人数字的时候，另

一种清凉饮料却以芬达商标推出，双管齐下，垄断了整个饮料市场，这种策略是为了迎合消费者迅速发展的求新消费心理，给他们以新奇感。上海牙膏厂生产的牙膏一直是以各种商标出售的，造成差别化的印象，这也是上海牙膏厂能长久占领上海市场的原因之一。但是"商标分割策略"仅适合于大型生产厂家与销售商，中小企业忌用此策略，如果原商标尚无名气，又换一个新面孔，造成自相残杀，结果得不偿失。

知识链接：

上海牙膏厂一定把中华牙膏收回来

"一定要把中华牙膏的经营权从联合利华手里收回"，上海牙膏厂有限公司总经理侯少雄最近接受记者采访时态度坚决。

就在几天前，侯少雄和联合利华负责对外事务董事曾锡文在中央电视台《东方时空》节目中进行了一场针锋相对的对话，"中华"牙膏品牌在联合利华经营的几年中是走向辉煌还是走向毁灭，对此双方各执一词。但中方所表示出的决心，已经宣告了这场从1994年开始的中外品牌合作，终将不欢而散。

类似的故事近两年一直在发生，在熊猫洗衣粉赎身宝洁、美加净脱离联合利华之后，这一次轮到中华牙膏。就在越来越多的国内企业选择引进外资合作者的此时，这些逆势而动的案例，讲述的不仅是当事双方的恩恩怨怨。

据上海牙膏厂方面介绍，1994年，上海牙膏厂和联合利华谈判合资的时候就在品牌保护上留了一手，为了避免品牌遭受"灭顶之灾"，上海牙膏厂坚决回绝了联合利华买断"美加净"商标的要求。最后双方在品牌上达成租赁合同，"中华"和"美加净"的品牌租赁费是其年销售额的1.8%。同时上海牙膏厂还要求到期检查销量。双方约定，在商标的续展期内，期末的销量必须大于期初的销量，否则中方有权收回商标使用权。双方还约定，合作期间，合资公司对双方投入的品牌维护推广费用必须各占50%，对方投入的品牌是"洁诺"和"皓清"。

然而这些保护性规定并不能使双方的合作更长久。数字显示，"美加净"在1994年双方合资之初，产品出口量全国第一，它和中华牙膏是上海牙膏厂两个赚钱大户。但2000年，年销量却下降了60%，已经3年没有在媒体上做广告，市场地位还在下降。因此去年年中，上海牙膏厂借"美加净"租约到期之际断然拒绝联合利华续约3年的要求，将品牌经营权回收。

根据侯少雄掌握的数据，"中华"目前的销售量为3.8万吨，而合资之前已经达到3.5万吨。侯少雄这样计算，1993年中国的牙膏总产量只有18亿支，而现在中国的牙膏的总产量已经达到了30亿支，也就是在六年当中，中国牙膏的产量增长了60%。根据双方的约定：中华牙膏的增长随着牙膏的增量增长，因此联合利华对"中华"的经营远未达到原先所承诺的数据。但联合利华所发布的数字是，中华品牌在联合利华经营期间不断地增长，从合资的时候3.4万吨，到2001年达到4.5万吨，增长了26.5%。曾锡文在言谈中透露，联合利华对"中华"的租约尚未到期，现在绝不可能结束合同。除非上海牙膏厂有足够强大的理由证明联合利华没有履行约定。因此，双方提供的两组数字哪一个更准确，将决定"中华"何时回家。

不管能不能将"中华"牙膏及时收回，侯

少雄都无法摆脱这场中外品牌合作的切肤之痛。"我觉得一个品牌在输出的过程中，一定要慎而又慎。"据了解，当年在合资公司的3000万美元资本中，联合利华以1800万美元现金入股，取得控股权；上海牙膏厂以土地厂房和设备作价1200万美元入股，占40%的股份。"一失去了控股权，也就失去了对品牌的控制力"，侯少雄这样对记者解释。

摘自《中国经营报》2001年11月22日

3. 产品定位

产品定位表明了："我卖的是什么东西。"通过产品定位能使消费者清楚地了解到该产品的属性、特点以及应用范围和使用方法等。产品的定位设计，着力于刻画某种特色产品造型设计、包装的文字设计、图形设计、色彩设计及产品的功能特色、品种特色、数量特色、用途特色、时间特色、产地特色、配方特色或档次特色。构思时，定位的角度可以由如下几个方面来考虑。

（1）以商品的形象为主要对象定位

这是包装设计最常见的手法。用绘画或照片直截了当地表现商品美的造型和质地感，使商品本身在销售中起直接见面推介的作用，在形式上常用特写镜头突出商品，也可用人物和道具与之相配合。

（2）以消费者的兴趣和爱好为主定位

有些商品是为某部分人服务的，如儿童用品、妇女用品等。儿童用品用可爱的儿童形象和小动物作主题（如图2-22所示）。妇女用品可用美丽的图案和花鸟装饰，以引起她们的兴趣从而前去购买。

图2-22 儿童食品包装

（3）以商品牌名和文字为主定位

有些商品本身和消费者是能够见面的，采用文字来美化。写上引人注目的牌名（特别是牌或牌名响亮而吸引人的），或用电化铝烫金字，不仅醒目，而且高档名贵。

（4）以表现商品的性能和特点定位

用夸张、浪漫的手法，把商品的特点加以扩大和渲染，使之更能引起人们的注意，如要突出圆珠笔的性能流畅，前面不画出山毛，只画出流畅灵活的线条就可以。肥皂画面设计上用肥皂泡组成图案。水彩具有鲜艳的颜色，画上五彩缤纷，写其意、表其神，往往比写实表形来得更深刻和丰富，会感觉表现手法高妙而耐人寻味。如图2-23和图2-24所示。

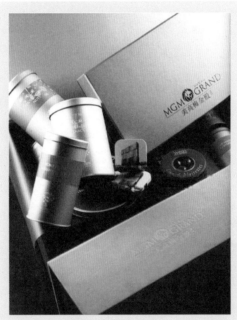

图2-23　礼品包装

图2-24　沐浴产品包装

（5）以商品本身或其图案定位

许多商品本身及其图案就很漂亮，只要稍加组织，合理运用，就可用它来美化自身包装装潢，如工艺品、湘绣、服装、枕套等。这种表现方法多用开窗包装的形式，如服装和中国绸缎的开窗式包装盒与提袋。

（6）以与商品有密切联系的形象或动作定位

如茶叶盒画出茶场或采茶女采茶的场面；旅游食品画上旅游区的山水风景；"蛋香酥"盒包装中部画两只母鸡，两侧用许多圆组成重复骨骼图案，使人联想到产品是由肥母鸡所产的许多蛋

制成，富有营养。

（7）以商品用途定位

香水产品的包装装潢，就是用不同用途的图示和造型来表现。如图2-25和图2-26所示。

（8）以图案美化进行定位

有些商品名称比较抽象或一般化，有的商品由多种材料组成，有的商品本身形象并不很好看，这些都不适宜用写实方法来表现，就可用装饰性图案和色彩块面来进行点缀美化处理，使包装装潢具有一种包含抽象寓意的图案美与形式美，往往能收到很好的效果，使人觉得商品的格调高雅、品质纯净美好，乐于购买。

图2-25　香水包装

图2-26　香水包装

在构思时，为了启发与拓宽思路，收集、观摩国内外各种包装装潢设计资料很有必要，对资料要充分细致地分析研究，而不是抄袭，目的是吸收别人的长处和成功经验，避免别人的短处和吸取其失败教训。如果发现好的设计资料，要弄清它究竟好在哪里。它是如何构思、表现、进行

艺术处理的。在研究、借鉴中逐渐丰富和活跃自己的思路。

4. 消费者定位

（1）社会层次定位

从消费者的社会状况来考虑定位，如性别，同一商品有专供男性、女性使用的区分；年龄，

商品有供婴儿、儿童、少年、青年、中年和老年人用的区分;种族与文化，商品有东方风格和西方风格、欧洲风格与美洲风格之分等。设计中可采用写实手法（彩色照片或手绘）如实表现消费者的形象。可采用色彩的色相、明度、冷暖调子隐喻消费对象的定位特点，还可运用具有特定象征意义的符号与图形，以迎合各民族、各地区消费者的爱好，也是消费者定位的有效设计手段。如图2-27所示。

图2-27 食品包装

（2）消费情感定位

作为一种定位方式和诉求渠道，情感形象被许多产品作为市场定位的重点，配合这一诉求内容的产品名称，也同样不遗余力地在消费者心中营造一种情感氛围，直接或间接地冲击着消费者心智的闸门。

世界著名的香水品牌，总有一个令人心动的名字，"少女的梦"、"巴黎之夜"、"一生的爱"、"女人味"，这些名称融进了女人的梦想和期待，以无法抗拒的力量对女性心理产生强大的情感诱惑，再转化成对市场的冲击力，可以这样说，许多名牌香水之所以成为名牌，在很大程度上取决于品牌的名称是否有吸引力，是否抓住了消费者的消费情感。如图2-28所示。

图2-28 香水包装

"娃哈哈"是一个非常成功的品牌名称，这一名称除了其通俗、准确地反映了一个产品的消费对象外，最关键的是其将一种祝愿、一种希望、一种消费的情感效应结合儿童的天性作为名称的核心，而"娃哈哈"这一名称又天衣无缝地传达了上述形象的价值。而这种对儿童天性的开发及祝愿又刚好是该品牌形象定位的出发点，也是该品牌市场竞争的出发点。

成功的产品造型、商品包装设计之所以能取悦人心，很重要的方面就是能打动消费者的心理。抓住了消费者情感，就抓住了消费者的心，这对体会消费者情感，设计出消费者喜闻乐见的包装作品是至关重要的。

（3）生理特性定位

消费者具有不同的年龄、性别等生理条件的差异，也成为包装设计的定位条件之一。如为某些特定年龄层消费者使用的儿童玩具、服饰品、化妆护肤品、滋补营养类物品等，都需有相应的定位风格式样，如图2-29和图2-30所示。某些具体的生理特点也可成为定位的考虑条件，美国宝洁公司在中国市场上推出的四大洗发香波品牌，就是针对不同发质的消费者而设计生产的，"飘柔"用于油性头发，"潘婷"用于护理干裂开叉的头发，"海飞丝"用于去头屑，"沙宣"让人感到质量的上乘。

同时，定位的因素也存在于容器的造型之中，尤其是某些使用对象十分明确的商品，更应注意区分差别，如香水包装的瓶型与外盖设计都要能体现出男、女之别。

图2-30　巧克力包装

图2-29　巧克力包装及标志

（4）消费心理定位

从不同阶层的人的心理因素、生活方式来考虑消费者定位的包装设计。通过商标、产品、色彩与图形的设计，而不用消费者的直接形象，以强调迎合消费者的兴趣与心理上的需求。如设计近似手工制作，并采用传统与民间图案的包装，能使消费者借以得到怀旧心理的满足。如设计以牛仔裤局部结构与肌理作底纹的小配套包装（香烟、手帕、食品等），使穿着随便的西方人产生好感。又如设计中运用流行色彩，以迎合追逐时髦的消费者的喜爱等。

表现特定的消费对象的心理定位，主要应用特定的消费者的产品及包装设计，即表现使用者的年龄、性别、特定职业等，特定使用需求者或表现产品使用范围（指个人、家庭、团体或宗教集团消费）。在处理上往往选用消费者形象或有关形象为主体，加以典型性的表现。

（3）传统化定位

着力于某种民族性传统感的追求，常应用于富有浓郁地方传统特色的产品造型与包装。传统构思即用传统图形加以形和色的改造，用有形的东西来表示一种无形的含义，传达一定的信息和内涵，表达某种情感、精神、意志和愿望，如"花好月圆"、"喜鹊登梅"、"松鹤延年"、"龙凤呈祥"及福、禄、寿、喜等，如图2-31所示为月饼包装。用书法艺术直接作装潢设计的主题，既是品名也是图案。把传统的彩陶纹、卷草纹等恰到好处地运用于装潢中，如中成药和土特产用卷草纹作装潢，可使人产生一种古朴典雅、历史悠久之感。

图2-31　月饼包装

我国的土特产品及工艺品（如人参、茶叶、绣品、工艺雕刻、陶瓷制品等），无论高、中、低档，应完全按中国风格定位设计并突出产地、历史悠久等方面的内容，如图2-32所示。

传统化定位能反映出一个国家、一个民族的文化气节。具有民族化的风格作品才有生命力，在具有传统产品造型与包装设计中应弘扬民族风格的定位。

图2-32　茶叶包装

任务四：包装设计方案构思

■ 2.4　设计构思及其内容

构思是设计的灵魂。在设计创作中很难制定固定的构思方法和构思程序之类的公式。创作多是由不成熟到成熟的，在这一过程中肯定一些或否定一些，修改一些或补充一些，都是正常的现象。构思的核心在于考虑表现什么和如何表现两个问题。回答这两个问题即要解决以下四点：表现重点、表现角度、表现手法和表现形式。如同作战一样，重点是攻击目标，角度是突破口，手法是战术，形式则是武器，其中任何一个环节处理不好都会前功尽弃。

2.4.1　表现重点

重点是指表现内容的集中点。包装设计在有限的画面内进行，这是空间上的局限性。同时，包装在销售中又是在短暂的时间内让购买者认识，这是时间上的局限性。这种时空限制要求包装设计不能盲目求全，面面俱到，什么都放上去等于什么都没有。如图2-33所示，白头山系列果汁饮料的包装设计，以长白山主峰的自然风景图片作为包装的主视觉形象，特点突出。

重点的确定是要对商品、消费、销售三方面的有关资料进行比较和选择，选择的基本点是有利于提高销售。下面将确定重点的有关项目列出，以供参考：

（1）该商品的商标形象、牌号含义。

（2）该商品的功能效用、质地属性。

（3）该商品的产地背景、地方因素。

（4）该商品的集卖地背景、消费对象。

（5）该商品与现类产品的区别。

（6）该商品的其他有关特征等。

这些都是设计构思的媒介性资料。设计时要尽可能多地了解有关的资料，加以比较和选择，进而确定表现重点。因此要求设计者要有丰富的有关商品的知识、市场的住处及生活的知识、文化知识的积累。积累越多，构思的天地越广，路子也越多，重点的选择也越有基础。

图2-33 饮料包装

重点的选择主要包括商标牌号、商品本身和消费对象三个方面。一些具有著名商标或牌号的产品均可以用商标牌号为表现重点；一些具有较突出的某种特色的产品或新产品的包装则可以用产品本身作为重点；一些对使用者或针对性强的商品包装可以以消费者为表现重点。其中以商品为重点的表现具有最大的表现力，这一点后面另作探讨。总之不论如何表现，都要以传达明确的内容和信息为重点。

2.4.2　表现角度

这是确定表现形式后的深化，即找到主攻

目标后还要有具体确定的突破口。如以商标、牌号为表现重点，是表现形象，或是表现牌号所具有的某种含义？如果以商品本身为表现重点，是表现商品外在形象，还是表现商品的某种内在属性？是表现共组成成分还是表现其功能效用？事物都有不同的认识角度，在表现上比较集中于一个角度，这将有益于表现的鲜明性。如图2-34所示，左图，"贵府"给人的印象是深宅大院，朱漆大门，包装设计将这种直觉形象化了；右图，包装整体色彩鲜红华丽，与品名协调，包装上图案运用具有中国传统特色。

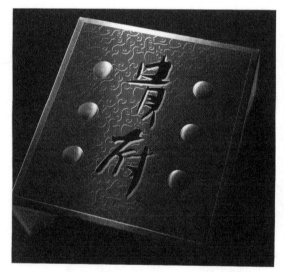 

图2-34　茶叶包装

2.4.3　表现手法

就像表现重点与表现角度好比目标与突破口一样，表现手法可以讲是一个战术问题。表现的重点和角度主要是解决表现什么。这只是解决了一半的问题。好的表现手法和表现形式是设计的生机所在。

不论如何表现，都是要表现内容、表现内容的某种特点。从广义看，任何事物都必须具有自

身的特殊性，任何事物都必须与其他某些事物有一定的关联。这样，要表现一种事物，表现一个对象，就有两种基本手法：一是直接表现该对象的一定特征，另一种是间接地借助于该对象的一定特征，间接地借助该相关的其他事物来表现事物。前者称为直接表现，后者称为间接表现或叫借助表现。

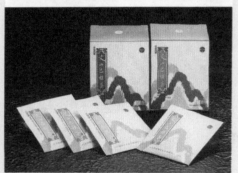

图2-35　包装设计

1．直接表现

直接表现是指表现重点是内容物本身。包括表现其外观形态或用途、用法等。最常用的方法是运用摄影图片或开窗来表现。

除了客观地直接表现外，还有以下一些运用辅助性方式的直接表现手法。

（1）衬托：这是辅助方式之一，可以使主体得到更充分地表现。衬托的形象可以是具象的，也可以是抽象的，处理中注意不要喧宾夺主。如图2-36所示。

图2-36　茶叶包装设计

（2）对比：这是衬托的一种转化形式，即是从反面衬托使主体在反衬对比中得到更强烈的表现。对比部分可以具象，也可以抽象。在直接表现中，也可以用改变主体形象的办法来使其主要特征更加突出，其中归纳与夸张是比较常用的手法。如图2-37所示。

图2-37　洗护产品包装设计

（3）归纳：归纳是以简化求鲜明，是指从许多个别的事物中概括出一般性概念、原则或结论的思维方法。

（4）夸张：归纳是以简化求鲜明，而夸张是以变化求突出，二者的共同点是对主体形象作一些改变。夸张不但有所取舍，而且还有所强调，使土体形象虽然不合理，但却合情。这种手法在我国民间剪纸、泥玩具、皮影造型和国外卡通艺术中都有许多生动的例子，这种表现手法富有浪漫情趣。包装画面的夸张一般要注意可爱、生动、有趣的特点，而不宜采用丑化的形式。

（5）特写：这是大取大舍，以局部表现整体的处理手法，以使主体的特点得到更为集中的表现。设计中要注意所取局部性。如图2-38至图2-40所示。

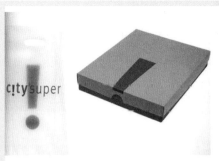

图2-38　包装设计

图2-39　糖果包装设计

图2-40　保健品包装设计

2．间接表现

间接表现是比较内在的表现手法。即画面上不出现在表现的对象本身，而借助于其他有关事物来表现该对象。这种手法具有更加宽广的表现，在构思上往往用于表现内容物的某种属性或牌号、意念等。

就产品来说，有的东西无法进行直接表现。如香水、酒、洗衣粉等。这就需要用间接表现法来处理。同时许多以直接表现的产品，为了求得新颖、独特、多变的表现效果，也往往从间接表现上求新、求变。如图2-41所示。

图2-41 酒包装设计

间接表现的手法是比喻、联想和象征。

（1）比喻：比喻是借它物比此物，是由此及彼的手法，所采用的比喻成分必须是大多数人所共同了解的具体事物、具体形象，这就要求设计者具有比较丰富的生活知识和文化修养。

（2）联想：联想法是借助于某种形象引导观者的认识向一定方向集中，由观者产生的联想来补充画面上所没有直接交代的东西。这也是一种由此及彼的表现方法。人们在观看一件设计产品时，并不只是简单地视觉接受，而总会产生一定的心理活动。一定心理活动的意识，取决于设计的表现，这是联想法应用的心理基础。如图2-42所示。

图2-42 饮料包装设计

联想法所借助的媒介形象比比喻形象更为灵活，它可以具象，也可以抽象。各种具体的、抽象的形象都可以引起人们一定的联想，人们可以从具象的鲜花想到幸福，由蝌蚪想到青蛙，由金字塔想到埃及，由落叶想到秋天等。又可以从抽象的木纹想到山河，由水平线想到天海之际，由绿色想到草原森林，由流水想到逝去的时光。窗上的冰花等都会使人产生种种联想。如图2-43所示。

装往往不直接采用比喻、联想或象征手法，而以装饰性的手法进行表现，这种"装饰性"应注意一定的向性，用这种性质来引导观者的感受。如图2-44所示。

图2-43　保健品包装设计

图2-44　食品包装设计

（3）象征：这是比喻与联想相结合的转化，在表现的含义上更为抽象，在表现的形式上更为凝练。在包装装潢设计，主要体现为大多数人共同认识的基础上用以表达牌号的某种含义和某种商品的抽象属性。象征法与比喻和联想法相比，更加理性、含蓄。如用长城与黄河象征中华民族，金字塔象征埃及古老与文明，枫叶象征加拿大等。作为象征的媒介在含义的表达上应当具有一种不能任意变动的永久性。在象征表现中，色彩的象征性的运用也很重要。

（4）装饰：在间接表现方面，一些礼品包

2.4.4　表现形式

表现的形式与手法都是解决如何表现的问题，形式是外在的武器、是设计表达的具体语言、是设计的视觉传达。表现形式的考虑包括以下一些方面：

（1）主体图表与非主体图形如何设计；用照片还是绘画；具象还是抽象；写实还是写意；归纳还是夸张；是否采用一定的工艺形式；面积大小如何等。

（2）色彩总的基调如何；各部分色块的色相、明度、纯度如何把握，不同色块相互关系如何，不同色彩有面积变化如何等。

（3）牌号与品名字体如何设计；字体的大小如何。

（4）商标、主体文字与主体图形的位置编排如何处理；形、色、字各部分相互构成关系如何；以一种什么样的编排来进行构成。

（5）是否要加以辅助性的装饰处理；在使用金、银和肌理、质地变化方面如何考虑等。这些都是要在形式考虑的全过程中加以具体推敲。如图2-45所示。

图2-45　包装设计

2.4.5　如何做好设计，成为好设计师

1．如何做好设计

设计无非有两类，当与现存作品关联，成为改良性设计；当与幻想、未来关联，即成为创造性设计。无论前者还是后者，设计总是离不开生活的积累，它是理性与感性的交融体。不能否认优秀的设计作品源于设计师具有"良好的心态＋优越的生活＋冷静的思考＋绝对的自信＋深厚的文化"。

数码科技的出现具有划时代的意义，传统的纸、笔、圆规已被键盘、鼠标替代，复杂的运算、精密的制图尽可由电脑完成，但与此同时，数码时代对于激发灵感则具有灾难性的意义，任何蠢笨的想法都可以处理得很专业、很花哨。一方面辅助设计师完成精彩的创意，另一方面在吞噬他们的思想，使之惰于思考。优秀的设计师不能完全依赖于数码科技。技术上再精再通，充其量只是一个制作者、熟练工。必须时刻提醒自己"我是一名优秀的设计师，完善想法远比更新手段重要。"懂得节流优势，大约百分之八九十的事情其他人比你做得更好，不要让过多的技术问题困扰我们，阻塞设计思维。如图2-46所示。

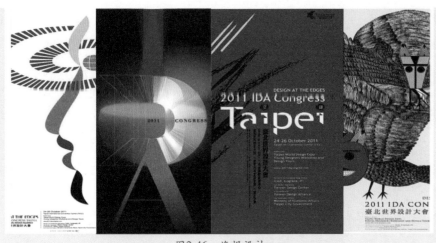

图2-46　海报设计

当今的世界是一个交融、开放的世界。二十一世纪唯一不变的就是"变"。因此，设计师的思想就不应是因循守旧、保守呆板的。一线设计大师最大的优势在于在第一时间内与世界顶级设计师们享受同样的信息资源。各种媒体、杂志、互联网、论坛、讲座、展览……每分每秒提供着迅即的信息。面对如此眼花缭乱的世界，设计师一定要分清优劣，辨别好坏。学校里有导师会指正你，点拨你什么是好，什么是坏。但人不可能一辈子都依赖别人，设计师尤其要有自己精辟、独到、敏锐的目光。不然的话，或是迷失自我，随时可能偏离正确轨道；或是被后起之秀替代，从此销声匿迹。那么这种精辟、独到、敏锐的目光是如何确立的呢？它正式基于深厚的文化功底与修养。文化与智慧的不断补给，能伸此种目光更犀利，是成为设计界常青树的法宝。

将文化与设计比喻成"根与植物"的关系也好，比喻成"地基与高楼"的关系也罢，总之，在于说明其紧密的程度。通常优秀的设计作品具有简单的外在形式、深层的文化内涵。外行可能以一幅作品的"好看、不好看"来评判其优劣，而内行就会褪去一切漂亮外衣，探究实质。外衣

可以换，但组成元素是否可以替代？元素与文化的关系？设计者为什么用这些元素，而不用那些？换了我进行此课题设计，我会如何考虑？如何选用元素？这些看似简单的思考，却被形式冲昏头脑的设计师会很容易忽视。

2．如何成为好设计师

作为设计师或是设计从业人员应了解设计与艺术的发展史。

人们习惯于问为什么，当你中途开始看连续剧时，自然会问："前几集播了些什么？"设计师多学点"源文化"很重要，因为我们接受了设计中太多的"源分枝"。当你通晓了源文化，就可以撇开其他，再创造一条分枝。况且创造发现并不是凭空的。多了解源文化，可以帮助你少走弯路，少进死胡同，踩在前人肩膀上往高处爬，何了不为？有人说我完全不接受前人的某某主义、某某风格，走自己的路。殊不知，你现在抛开一切所走的路，前人可能早在一个世纪前就走过，而且这条路被历史证明为行不通的。浪费精力，又浪费时间，得不偿失。"了解大同，才能独走边缘。"如图2-47为艺术博览会海报设计。

图2-47　海报设计

　　当然，多学源文化的优点不仅囿于此，那是在与大师们的思想沟通，借助大师的头脑去思考问题。不是学他们那样思考，而是学会如何思考。

　　我们把信息、源文化统称为"现有素材"。设计师与这些"现有素材"的关系相当微妙——若即若离，泾渭分明。既要时刻注意其动态，关注它，学习它，又要在某种时刻彻底抛弃它，忘得一干二净，绝不藕断丝连。这种时刻，就是设计师在从事某项课题设计，完成某套方案时，需要抛开一切"现有素材"，正如前文所说的"保持一方自己的天空，独立思考。偶尔把自己封闭起来，做一做'井底之蛙'"这时的翻阅、启发，只能牵绊灵感的产生。因为平时的关注在大脑里早已进行了分解、整合、重组，成为了一种

潜意识，是奇珍异宝。一旦设计时，它们就会源源不断地被激发出来，厚积薄发，成为了设计师自己的宝贵财富。

知识链接：

艺术相关知名网站推介：

1．东方视觉http://www.ionly.com.cn/nbo/news/

2．中国艺术品http://www.cnarts.net/cweb/index.asp

3．艺术品拍卖网http://www.artnet.com/

4．青年视觉http://www.youthvision.cn/

5．视觉中国http://www.chinavisual.com/

6．视觉同盟http://www.visionunion.com/

7．第一视觉http://www.visionunion.com/

8．视觉联盟http://okvi.com/Index.shtml

9．设计艺术家 http://okvi.com/Index.shtml

10．今日艺术网http://www.artnow.com.cn/

11．中国插画联盟 http://www.69ps.com/

12．雅昌艺术网http://www.artron.net/

13．艺术北京博览会http://www.artbeijing.net/

年在成都创办了万宇包装设计研究室。其设计的包装在国内外获奖几十次，并两次获得"世界之星"大奖。近年来设计的主要产品有五粮液、五粮春、五粮醇、京酒、国窖·1573、汾酒．百年泸州老窖、郎酒、沱牌曲酒、丰谷酒、劲酒等。如图2-49至图2-55所示。

3．创意设计者的作用和责任

万宇（图2-48），高级设计师，曾先后于

图2-48　万宇

四川美术学院、北京清华大学美术学院、美国匹兹堡大学艺术学院深造。1986~1997年就职于五粮液集团，先后担任设计室主任、包装材料采供部部长等职。2000

图2-49　万宇包装设计作品

图2-50　万宇包装设计作品

知识链接：

万宇　知名设计师谈"创意设计者的作用和责任"

以下文字内容摘自《食品产业网》采访内容。

1. 中国白酒包装现状

记者：万老师，您好！目前我国白酒市场竞争异常激烈，很多厂商在竞争中绞尽脑汁，其中包装设计的推陈出新也是常用的市场策略。作为白酒界知名的包装设计师，您能简单地谈谈我国白酒包装的发展历史吗？

万宇：我国的白酒包装经历了一个从无到有、从简到繁的过程。在上个世纪80年代以前，我国的白酒产品几乎没有外包装，品牌之间明确区别的是贴在光瓶上的酒标。我记得当时的酒瓶造型很单一，材料工艺也很落后。80年代中期，刚任五粮液酒厂厂长不久的王国春便明确要树立起五粮液的产品形象和企业形象，并积极带头改进包装，在全国同行中五粮液率先采用水晶玻料做酒瓶，率先引进了意大利产拉塑胶瓶盖等。新的五粮液水晶瓶包装系列产品投放市场后，产生了极大的经济效益和社会效益，树立起了崭新的五粮液产品形象。90年代后，在五粮液的影响下，我国的白酒包装进入了一个快速发展期。目前，除了极少数低档产品和个别品牌外，市场上的绝大多数白酒产品都有丰富多彩的外包装。

记者：您认为，我国的白酒包装经过近二十年的历程，目前已经发展到一个什么样的阶段和状态？

图2-51　万宇包装设计作品

万宇：主要有两点：一方面，中国白酒走出了一条自己的路，在设计风格和材料工艺的应用上都有很大的突破，很多著名品牌都有了自己较完整的理念和形象。全国的同行们也进行了极大的努力和尝试，应该说是值得庆贺的。另一方面，当今的白酒包装抄袭风太浓，有的企业或经销商急功近利，当某个企业经过长时间艰苦努力研究推出一款独特的产品包装投入市场不久，在市场上就可看到很多与其相似的包装和瓶型。

记者：可以说，一款好的包装是一个企业的财富，而那些企业在抄袭别人的产品包装时，也意味着剽窃了别人的财富。在我印象中，五粮液、国窖•1573、水井坊的模仿抄袭者很多。五粮液多棱瓶的新包装从1995年上市以来，就一直没有停止过被抄袭的现象。

万宇：的确，现在很多酒类企业或经销商极力仿冒名酒，而忽略了内在质量的严格把关。不但损害了消费者的利益，更严重的是侵犯了他人的知识产权。这种行为在市场中是不会长久存在的，是会受到国家相关法规制裁的，而且这种做法永远树立不起自己品牌的市场形象。

记者：相对来说，是否国外的产品包装要简洁些？

万宇：是这样。我在欧美等国考察学习时对此有深刻感触。比如说在美国，他们的产品包装都很简洁实用，这是因为市场、企业、经销商和消费者都已很理性、很成熟，他们更加注重产品的内在质量、市场销售的合理价格以及环保等。而在中国和亚洲很多国家，目前还在朝这个方向发展。我认为，从简到繁，再从繁到简是产品包装发展的必然趋势，西方发达国家的绝大多数产品包装都经历了这个过程。

图2-52　万宇包装设计作品

2．企业决策者与产品包装的关系

记者：在您与企业的合作前的考察中，比较看重的是企业的哪一部分？是产品的档次、名称，还是企业的规模或是设计费用的多少？

万宇：我们的宗旨是成为中国有个性有特色的工作室，包装设计是我们的事业和追求，当一个产品包装投入市场成功时，内心的喜悦是无法言表的，所有的千辛万苦都化为乌有。到目前，我主要为一些知名品牌做包装创意。多年来在工厂第一线的经历让我深深意识到，成功的包装背后，要依托企业家的眼光、设计师的积累和水平、企业的市场营销战略等，这些因素都是缺一不可的。

记者：不光是包装设计，现在很多经销商寻找产品以及厂家在选择经销商时，企业老总的理念都是重点考核的内容。

万宇：的确如此，在计划经济年代，"皇帝的女儿不愁嫁"。许多名酒，特别象五粮液这样的国家名酒十分紧俏。很多企业认为，包装与市场销售没有直接关系，改不改进包装产品照样好销，当时市场上的白酒几乎没有什么象样的包装。在这样的背景下，五粮液主要领导人力排众议，推出了第一代五粮液水晶刻花瓶包装。新包装获得了广大消费者的欢迎，由此翻开了中国白酒包装革命新的一页。

五粮液这个案例说明企业决策领导人对于产品包装要有战略眼光，要有自己独到的理念和目标。而当今市场上很多中小企业在包装设计方面没有创意，急功近利到处抄袭。有些大企业甚至是名酒企业也难以保持一颗平常心，急急忙忙地将不太成熟的包装推向市场，但随后又很快地被市场淘汰。这些做法，对企业有形和无形的资源造成了极大的浪费，对市场开拓和销售带来了一定的负面影响。

图2-53　万宇包装设计作品

3. 好的包装要经得住时间的考验

记者：在目前的白酒市场上，很多包装用的色调都以红色为主。但我发现，近一年来市场上出现了很多大胆的包装色彩，比如说白色和黑色，就我国的国情习俗用什么包装更受欢迎？

万宇：能用在白酒包装上的色彩很多，光不同的红色就有几十上百种。近年来，不仅设计者在包装的色彩上做了较大的突破和研究，用白色、蓝色、绿色甚至黑色为主色调的包装也有上市。应该说，这是一种好的现象，这说明时代在前进，消费者市场也在细分，设计师们也在不停地探索，进行大胆的创新。

根据不同时期的市场调查表明，在我国不同区域的大多数消费者最认同的白酒产品包装色调还是以红色和金色为主，这与白酒本身的属性有关。白酒是水的形状，火的性格，所以产品包装应与其特性相呼应，要有一定的张力，要让消费者掀开心中的热情，激动起来，红色和金色就容易使消费者产生这样的感觉。红色具有亲和力，特别是在白酒旺销的寒冷季节，红色给人温暖热烈的感觉。

记者：单从包装设计来看，以白、黑为基本色调的产品中也不乏精品，那么究竟什么样的包装才是最成功的？

图2-54　万宇包装设计作品

万宇：我在工作中常常提醒自己，正在进行创意设计的是商品而不是艺术品。目前红色和金色包装的白酒产品在市场中接受面较大，所以在设计中这两种颜色采用得多一些。但我们也应该

时刻关注着消费者的喜好动向和发展趋势，鼓励在设计中的大胆探索与创新。包装设计没有什么固定模式和设计框架，设计师也应有自己独特的个性和见解，有个性的产品才有生命力。

图2-55　万宇包装设计作品

目前也有少部分设计者习惯从自我欣赏的角度出发，市场意识淡薄，设计出的产品也可能很精美，但却可能是阳春白雪。一个优秀的包装设计师，首先得有一个成功的商人的视点，要以商人的眼光来进行包装设计。所以，"将包装作为产品销售形象的成功载体"是我们研究室的奋斗宗旨。

记者：既然包装首先是一种商品，那么您在设计创作时，除了包装的色彩外还比较注重哪些方面？

万宇：应该说除了色彩之外，要统筹考虑的因素还很多。首先，要把包装当作是一个浓缩的企业形象，是产品的无声推销员；其次要考虑包装的保护功能、市场消费心理、视觉货架冲击力、商品属性定位、使用开启功能、材料的选用、加工的工艺、是否利于现场工人或流水线包装等，这就要求设计师是个杂家，知识面要广，

相关学科了解要多。这些功能还要综合应用，忽略了其中的某一项，都可能导致这款包装整体的失败。

比如一个酒瓶在电脑上设计成功不算数，还要看是否能成为成品、是否有自己独到的个性和形象、能否批量生产、包装成本是否合理、是否利于长途运输、能否方便消费者开启使用以及终端市场的销售等。能经历这些检验、为企业创造出很大经济效益的才能算是一个合格的包装。

作业练习与思考

1. 包装设计的设计流程包含哪些内容？
2. 如何做产品的市场调研？
3. 包装设计常用的设计手法有哪些？
4. 如何成为一名出色的包装设计师？

第 3 章

包装设计项目的实施——
纸盒结构造型篇

任务目的：

了解包装设计项目的实施过程中结构造型环节的内容及相关知识点。

必备知识：

1. 熟悉包装设计工具PowerPoint、Photoshop、CorelDraw。

2. 具备一定分析解决问题的能力、设计基础能力、动手设计能力。

3. 了解印刷、生产、成型工艺方面的常识。

任务描述：

1. 通过设计实物的分析，切身体验包装设计项目实施过程中结构造型环节，掌握包装结构造型设计的几个关键点。

2. 通过设计项目练习，掌握立体包装结构设计的相关知识和设计方法。

工作步骤：

讲授、查阅资料、调研、讨论、归纳。

包装设计在设计上的最终成功与否虽然和最初委托要求的品质息息相关，但设计师对于包装设计市场定位、包装定位的准确把握是设计成功的关键。包装设计是设计师在对商品市场调研把握上的设计想象，设计想象的表达在实现过程中可以使用一切设计手段和设计元素。

包装的设计元素可以分为结构、造型、装潢，设计师既要在这些方面考虑到形式与功能、材料与成品、品牌与版式、图形与色彩，又要考虑到设计与市场、设计与消费者、设计与环境的关系。包装设计是这些关系的综合表现，因此我们为了让学生更好地掌握包装设计项目实施这一章节，书中内容主要从实践案例分析中梳理出包装的四大块要素作为知识点让学生展开学习。但是，学习者一定要注意不要孤立地学习设计，而是将四大块要素整合。以下内容主要针对包装项目实施中的四大块要素先后顺序一一展开阐述。

任务五：包装结构造型设计

■ 3.1　纸盒包装结构设计

纸质包装具备很多优点：①环保、可再生；②柔韧性好，有一定的硬度，成型简单；③加工工艺容易、成本低、效果好；④运输、存储、使用均方便；⑤色彩、材质、厚薄、肌理等类型丰富，可选择性大。21世纪，环保性被作为人类进行可持续发展的重心，运用纸材作为包装得到了快速发展，也是今后发展的趋势。

纸类的包装一般有一级包装和二级包装两大分类。一级包装是指直接和消费者见面，并在销售环境中陈列的包装；二级包装是指在一级包装以外的再包装，在从生产点到销售点的分销过程中，主要是为了运输、储藏和保护一级包装的作用。两者作用不同，要求也不同。

■ 3.2　纸盒包装结构设计基础知识

3.2.1　包装结构的制图符号

1．裁切线

2．尺寸标线

3．齿状裁切线

4．内折压痕线

5．断开处界线

6．上胶区域标注

3.2.2　常用的基本纸盒包装结构

纸盒结构造型的常态为直角六面体，结构分为盒盖、盒身、盒底三部分。常见的折叠纸盒盒盖可分为一次性开启式、多次开启式和第一次开启成新盖式三种。如图3-1所示是基本纸盒的上下盖结构。盒盖的固定方式有以下五种：

（1）利用纸板间的摩擦力，防止盒盖自动散开。

（2）利用纸板上的卡口，卡住摇翼，不至于自动散开。

（3）利用插嵌结构，将摇翼互相锁合，不让其自动散开。

（4）利用摇翼互相插撇锁合，不让其自动散开。

（5）利用黏合剂将摇翼互相黏合，不让其自动散开。

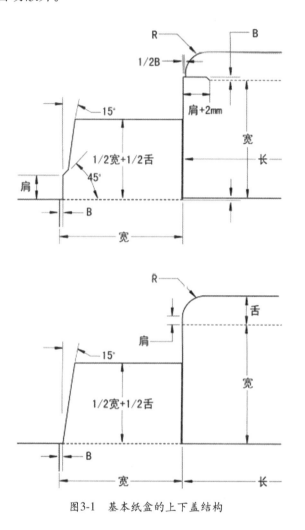

图3-1　基本纸盒的上下盖结构

3.2.3　常用纸盒盒盖主要结构形式

1．插卡式封口

插卡式盒盖就是在插入式摇翼的基础上，在主摇翼插舌折痕线的两端各开一个槽口，当盒盖封合后，副摇翼的边缘会卡住主摇翼的槽口，使主摇翼不能自动散开。插卡式结构同时利用了摩擦力和摇翼之间的互相卡扣两种方法来固定盒盖，所以比仅用摩擦力固定的插入式方法更加可靠。插卡式封口的槽口有隙孔、曲孔和槽口三种形式。另外，在插卡的基础上，结合盒身延长小

插舌回插入盒盖与插舌折痕中间所开的插缝中，更加稳固了封合关系，在盒盖不会自动打开的同时，还能承担起较大的提拿重量，起到双重保险的作用。此法通常用在盒体较大、使用纸张较厚、有一定承重的纸盒封合处，如精密、易碎物品、小五金电器产品、数码产品的包装等（如图3-2所示）。

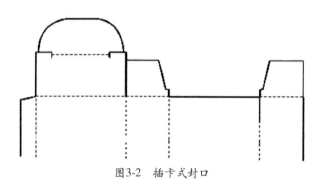

图3-2　插卡式封口

2．插入式封口

插入式盒盖在盒的端部设有一个主摇翼和左右两个副摇翼（防尘翼），主摇翼适当延长出插舌，封盖时插舌插入盒体进行封口和固定。插入式盒盖就是利用插入插舌与纸盒侧面间的摩擦力，来防止盒盖自动打开，使纸盒保持良好的封合状态。插入式纸盒盒盖开启方便，具有再封合功能，便于消费者购买时打开盒盖观察商品，可多次取用内装物，属于多次开启式盒盖（如图3-3所示）。

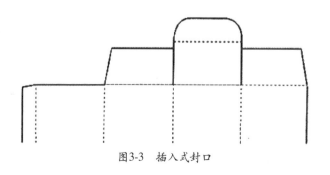

图3-3　插入式封口

3．插锁式封口

包装盒制作时，插锁式封口有几种变化形式，一种是在插入式的基础上，使用盒身上延长出来的摇动小插舌，插入盖板和插舌的折缝插槽中，使纸盒稳固封合而不会自动打开方式也叫双保险式封口，是常见的封合结构，这种形式的盒盖固定可靠（如图3-4所示）。一种是插入式与锁口式相结合的盒盖结构。盒盖的两个副冀用锁舌互相锁合，而主翼则作简单插入，这种结构在玻璃瓶外用纸盒包装上用得较多（如图3-5所示）。还有一种是盒身为托盘式结构，盒盖为简单的插入结构，前端设计成特定插嵌钩锁结构，利用钩锁闭合（如图3-6所示）。除此之外，还有常见的小电器、电脑硬件、数码电器等高精密度，需要防护性能高的产品用到的一种插锁式封合方式，盒身大多为托盘式结构，盒盖为简单的插入结构，在盒盖两侧延伸出插舌，插入折合的双层壁板的盒身插缝中，多层围合且双插舌稳固封合，保护性能高，且外观简洁美观（如图3-7所示）。

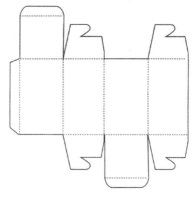

图3-5 插锁式封口结构

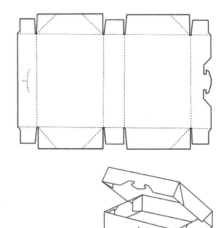

图3-6 插锁式封口结构

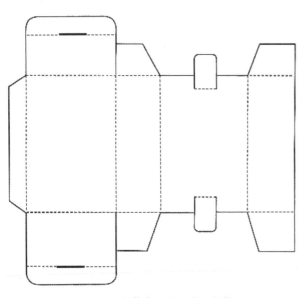

图3-4 插锁式双保险封口结构

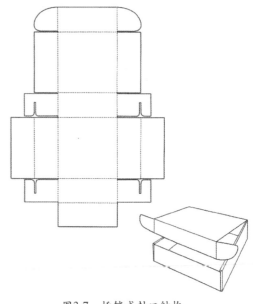

图3-7 插锁式封口结构

4．黏合封顶式

黏合封顶式盒盖是将盒盖的四个摇翼进行黏合的封顶结构。黏合的方式有单条涂胶和双条涂胶两种。这种盒盖的封口性能较好，往往和粘底式结构一起使用，常用于密封性要求较高的一次性包装。这种结构适合在高速全自动包装机上完成，效率高，成本低，常常用来包装粉末状和颗粒状产品，如洗衣粉、谷类食品等，所以在管式折叠盒中的用量很大（如图3-8至图3-11所示）。

图3-11　粘贴式封口结构饮料盒

图3-8　粘贴式封口结构饮料盒

5．双固定锁扣互锁封口

这是一种特殊的锁口方式，利用纸盒顶部相对的主摇翼，按设计做成锁舌和插缝，通过互相插入锁扣形成封合的纸盒，适用于生产线，多用于一些浅盘型纸盒封口结构中，如纺织品、印刷品等产品的包装（如图3-12所示）。

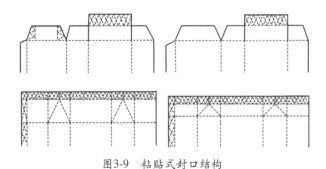

图3-9　粘贴式封口结构

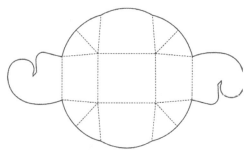

图3-12　双固定锁扣互锁封口结构

6．摇翼连续折插式封口

摇翼连续折插式盒盖主要适用于正多边形管式折叠纸盒的盒盖或盒底结构。它也是一种特殊的锁扣方式。这种盒盖的特点是锁口比较牢固，

图3-10　粘贴式封口结构饼干盒

并可通过不同形状的摇翼设计折叠后组成造型优美的图案,这种封口的摇翼可以是相互连接的,也可以是断开的,适合包装糖果、糕点、花茶、小件纺织品以及小礼品。它的包装盒设计关键在于必须根据相交点的位置来设计摇翼的结构和形状。因为纸盒的盒盖和盒底是纸盒的各个摇翼连续折插后互相重叠而形成的,是一种花式封口(如图3-13至图3-17所示)。

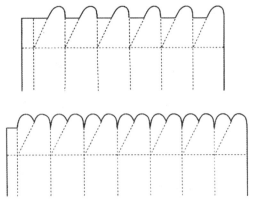

图3-13　连翼连续折插封口结构

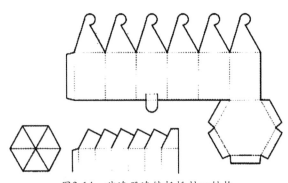

图3-14　非连翼连续折插封口结构

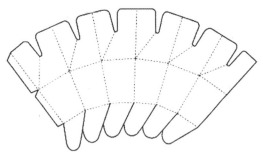

图3-15　连续折插封口结构

图3-16　连续折插封口结构纸盒

图3-17　连续折插式封口

7. 摇盖封口式

这种封口表现为两种方式，分别应用在管式和盘式折叠纸盒中。一种是在盘式纸盒中，盒盖一边与盒身连接，形成罩盖的形式套住盒身达到封合。另一种是在管式折叠纸盒中，将一个主盒面的摇翼适当延长，通过折叠成型或黏合成型，将延长面做成仰开式罩帽盒盖。这种盒盖在香烟包装中比较常见（如图3-18和图3-19所示）。

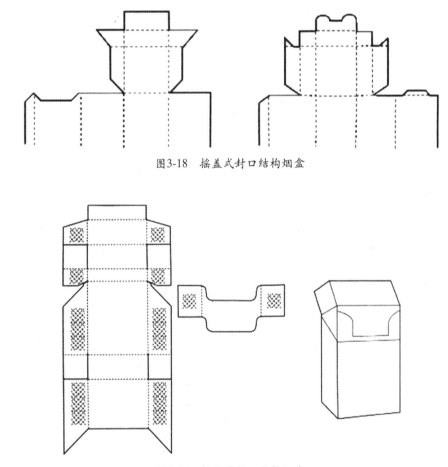

图3-18　摇盖式封口结构烟盒

图3-19　摇盖式封口结构烟盒

8. 揿压封口式

这种封口式有两种，一种形似枕头称为枕形，是将纸盒的左右两端做成弧线或折线的压痕，利用纸板本身的强度和挺度，轻压下两端的摇翼来实现封口和封底，开启盒盖时只需轻轻向上掀起即可。这种盒盖操作简便，适用于体积较小的轻型商品包装。还有一种叫花式封口，也是用揿压原理，使纸盒的封口处形成内窝弧形花瓣，造型优美、立体感强。它主要通过在摇翼上做出弧形折痕线，然后沿折痕线向内、向中心窝折形成封口。花式封口由于装饰感强，特别适合用来包装糖果、糕点、花茶和小件纺织品，也常常用于月饼、茶叶、保健产品等礼品盒的内包装中。设计制作的关键是对弧线的弧度与摇翼长度关系的准确把握，否则将无法正常封合或是形成较大缝隙而影响密封性（如图3-20至图3-23所示）。

图3-20　撖压窝入式封口

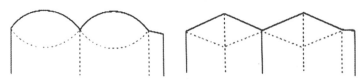

图3-21　撖压式封口结构

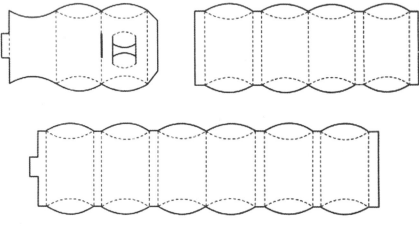

图3-22　撖压式封口结构烟盒

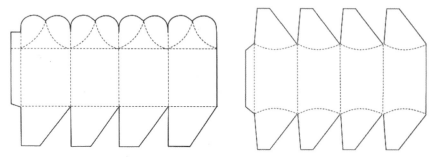

图3-23　撖压窝入式封口结构

9. 系带式封口

这种方式是在封口处的摇翼或盒盖处打孔（也可 用纽扣、孔钉等附件），然后用丝带、绳索或皮筋通过穿孔、系结进行固定，系结处可作蝴蝶结、花结的造型，具有一定装饰美化包装盒的作用。需要提示的是，系带式封口虽然简单易行，但并非所有的产品包装都适用，因为穿孔、系结的手工操作程序在生产中会影响包装效率、提高生产成本，故这种封口方式一般运用在具有较高附加值的产品上，如婚庆糖果盒、节日促销商品盒及礼品盒等（如图3-24和图3-25所示）。

图3-24   系带式封口

图3-25   系带式封口

3.2.4   常用纸盒盒底主要结构形式

纸盒盒底的主要功能是承受内装物的重量，并兼顾纸盒的封底功能。因此对盒底设计的要求，首先要有足够的承载强度，保证盒底在装载商品后不会被破坏；其次是盒底结构要简单，因为盒底结构过于复杂，将影响盒底本身的组装，从而降低生产效率；再就是盒底的封合方式要可靠，因为封合不可靠，就意味着商品可能随时掉出来，造成丢失或破损。

常用纸盒盒底主要结构形式——管式纸盒盒底的结构形式。

管式折叠纸盒盒底的设计则是既要保证承载强度，又力求简单可靠。

1．插口（插入、插卡）封底式盒底

2．插舌锁底式盒底

3．摇翼连续折插式盒底

4．连翼锁底式盒底

5．黏合封底式盒底

6．揿压封底式盒底

1~6盒底结构同盒盖的结构原理（如图3-1至图3-6所示）。

7．锁舌式盒底

锁舌式盒底利用矩形管式折叠纸盒的四个底摇翼经过一定设计，将两摇翼做成插舌插入另两摇翼的插缝中形成封底（如图3-26所示）。

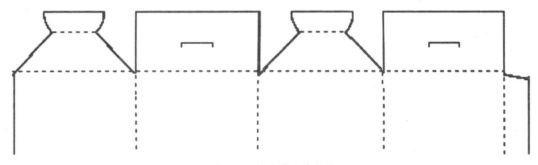

图3-26   锁舌式盒底结构

8. 锁底式盒底

锁底式盒底主要用在矩形管式折叠纸盒上，不论这个底是平底，还是斜底均可使用。锁底式盒底就是将矩形管式折叠纸盒的四个底摇翼设计成互相折插啮合的结构进行锁底。锁底式盒底能包装各类商品，且能承受一定的重量。因而在大中型纸盒中得到广泛应用，是管式折叠纸盒中使用得最多的一种盒底结构（如图3-27和图3-28所示）。

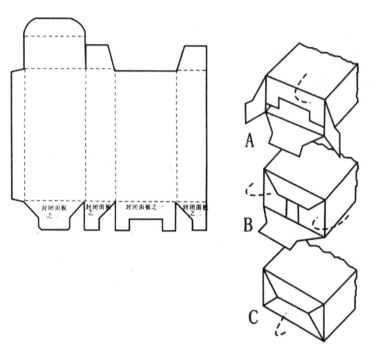

图3-27　锁底结构

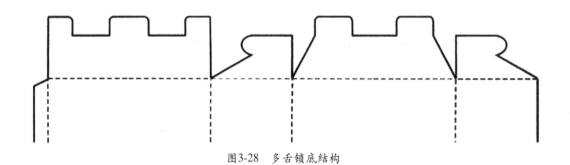

图3-28　多舌锁底结构

9. 自动预粘锁底式盒底

自动锁底式盒底是在锁底式盒底的基础上改进发展而来的。它是在自动制盒机械生产线上经过模切、盒底折叠、盒底点粘、盒体折叠、侧边黏合等一系列工序加工成型的。其主要特点是成型以后仍可折叠成平板状，而到达纸盒自动包装生产线后，又可用张盒机撑开盒体，盒底即自动形成封合状态，省去了锁底式结构需手工组装的工序时间，这种盒底是最适合自动化生产的一种结构（如图3-29所示）。

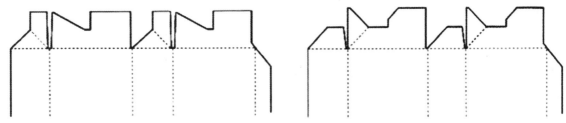

图3-29　自粘式锁底结构

10. 间壁封底式盒底和自动间壁封底式盒底

　　间壁封底式盒底是将纸盒盒底的四个摇翼设计成两部分，靠近底边的部分包装盒设计成盒底，另一部分则根据需要适当延长折向盒内，同时把盒内分隔成二、三、四、六、八等格的不同间壁状态，能有效地分隔和固定单个内装物，防止振动而相碰撞，起到良好的缓冲防振作用，并且通过间壁的组合可有效地固定盒底（如图3-30和图3-31所示）。

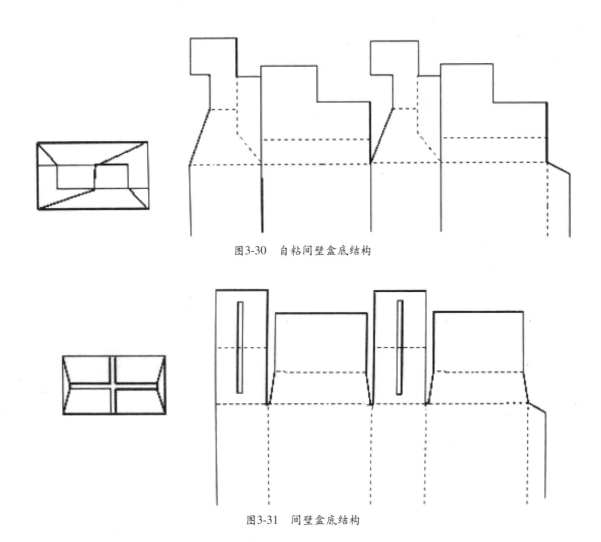

图3-30　自粘间壁盒底结构

图3-31　间壁盒底结构

知识链接：

常用纸盒盒底主要结构形式——盘式纸盒盒底的结构形式

这种结构可以做折叠扣盖式盒型的内盒，也可以连接形成盘式折叠摇盖盒。主要采用对折和倒角组装、侧边锁合、盒角黏合等成型方法，将四边的延伸部分组装成盒身而形成，有单层壁板和双层壁板以及中空上层壁板的结构（如图3-32所示）。

其中利用侧边副翼插入盒端主侧板对折夹层中组装成型的对折组装方法很常见，这种结构完全靠对折锁合成型而无任何黏合结构。图3-33是盒端对折组装盘式盒，它是对折组装盘式折叠纸盒的典型结构。

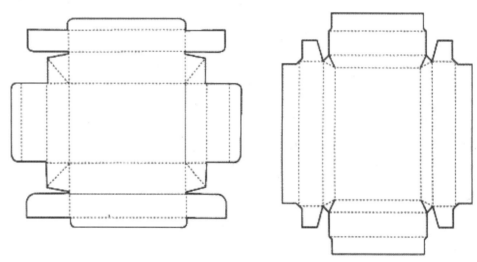

图3-32　盘式盒底结构

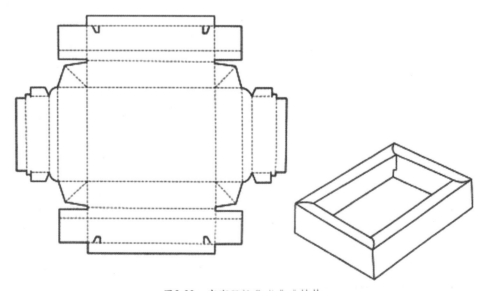

图3-33　中空壁板盘式盒底结构

3.3　管式纸盒结构和盘式纸盒结构

3.3.1　管式纸盒结构

管式纸盒结构包装在日常包装形态中最为常见。大多数纸盒包装的食品、药品、日常用品如牙膏、西药、胶卷等都采用这种包装结构。管式纸盒结构的特点是在成型过程中，盒盖和盒底都需要摇翼折叠组装固定或封口，而且大都为单体结构，在盒底侧面有粘口，盒形基本形状为四边形，也可以在此基础上扩展为多边形（如图3-34所示）。

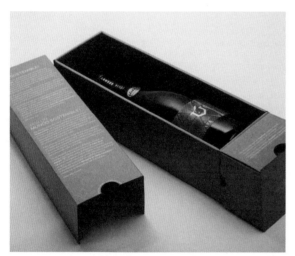

图3-34　管式纸盒

知识链接：

制作管式纸盒盒盖时应注意的几种结构方式：

* 锁口式（图3-35）

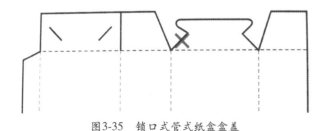

图3-35　锁口式管式纸盒盒盖

* 插锁式（图3-36）

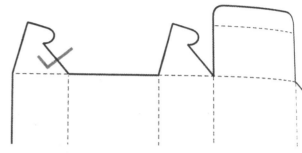

图3-36　插锁式管式纸盒盒盖

* 摇盖双保险插入式（图3-37）

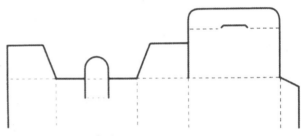

图3-37　摇盖双保险插入式管式纸盒盒盖

* 连续摇翼窝进式（图3-38）

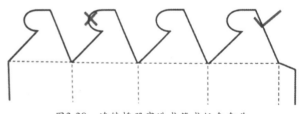

图3-38　连续摇翼窝进式管式纸盒盒盖

* 一次性防伪式（图3-39）

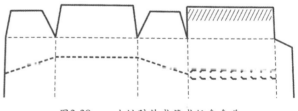

图3-39　一次性防伪式管式纸盒盒盖

3.3.2　盘式纸盒结构

1. 盘式纸盒结构特点

盘式纸盒结构一般高度较小，开启后商品的展示面较大，这种纸盒结构多用于包装纺织品、

服装、鞋帽、食品、礼品、工艺品等商品。如图
3-40所示。

图3-40　盘式纸盒包装

2. 盘式纸盒结构的成型方法

- 锁合组装（图3-41）

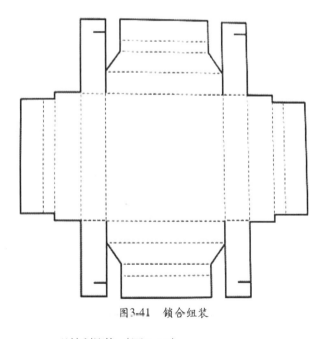

图3-41　锁合组装

- 别插组装（图3-42）

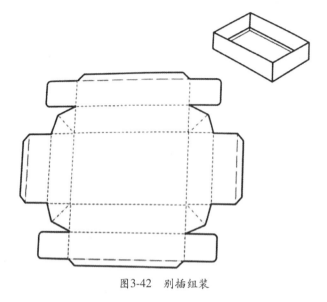

图3-42　别插组装

- 预粘式组装（图3-43）

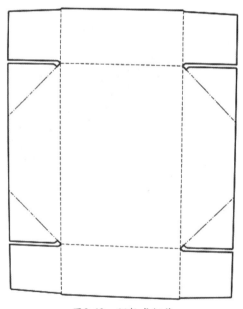

图3-43　预粘式组装

■ 3.4　特殊形态纸盒

3.4.1　特殊形态的纸盒结构特点

特殊形态的纸盒结构是在常态纸盒结构的
基础上进行变化加工而成的，充分利用纸的各
种特性和成型特点，可以创造出形态新颖别致
的纸盒包装。

3.4.2　特殊形态的纸盒结构设计方法

1．异型变化

在常态结构基础上通过一些特殊手法使纸盒结构产生变化（如图3-44所示）。

图3-44　异型包装

2．拟态象形

在包装造型设计上模仿一些自然界生物、植物以及人造物的形态特征，通过简洁概括的表现手法，使包装形态更具有形象感、生动性和吸引力（如图3-45所示）。

图3-45　拟态包装

3．集合式

利用一张纸成型，在包装内部自然形成间隔，可以有效地保护商品，提高包装效率。集合

式包装主要用于包装玻璃杯、饮料杯、饮料罐等硬质易损的商品（如图3-46所示）。

图3-46　集合包装

4．手提式

手提式的目的是为了便于消费者的携带，通常有两种表现形式：一是提手与盒体分体式结构，提手通常采用综合材料，如绳、塑料、纸袋等；二是提手与盒体一体式结构，即利用一张纸成型的方法（如图3-47所示）。

图3-47　手提式包装

5．开窗式

通过开窗可以使消费者直接看到商品的部分内容，做到"眼见为实"，以增加消费者的信心。开窗在包装的位置、形状和结构变化非常自由（如图3-48所示）。

注意的原则：不破坏结构的牢固性和对商品的保护性；不影响品牌形象的视觉传达；注意开窗形状与商品露出部分的视觉协调性。

图3-48　开窗式包装

6. POP式

POP包装结合了商品包装与POP式广告宣传为一体的包装形式，它利用纸盒结构成型的原理和纸张的特性，达到良好的宣传效果（如图3-49所示）。

图3-49　POP式包装

7. 吊挂式

吊挂式包装能够使电池、文具、牙刷等小商品在超级市场里以最佳的位置和角度出现（如图3-50所示）。

图3-50　吊挂式包装

■ 3.5　常用的纸盒包装盒型结构图

脚锁式托盘盒（如图3-51所示）

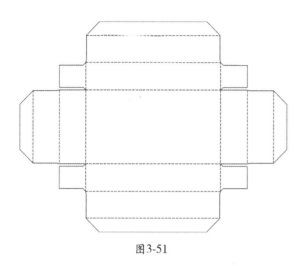

图3-51

叠盖式封口盒（如图3-52和图3-53所示）

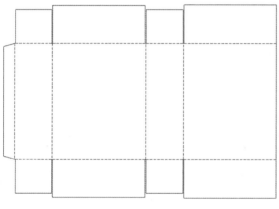

图3-52

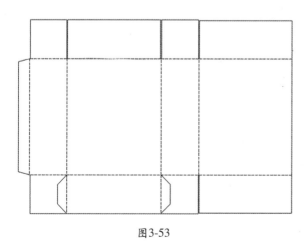

图3-53

经济型封口盒（如图3-54和图3-55所示）

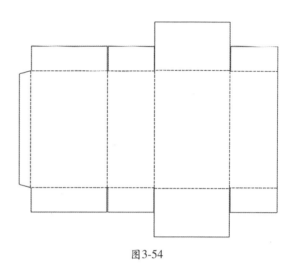

图3-54

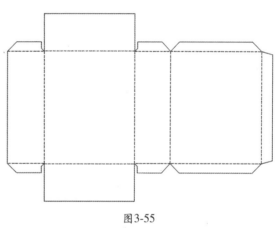

图3-55

带边板扣管式盒（如图3-56所示）

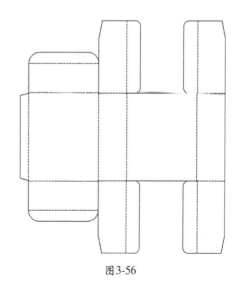

图3-56

多面顶盖管式盒（如图3-57所示）

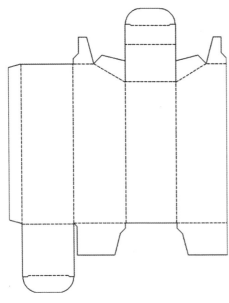

图3-57

内置平板管式盒（如图3-58所示）

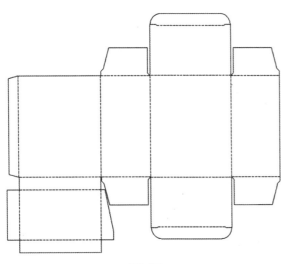

图3-58

开口式固定凹台套盒（如图3-59所示）

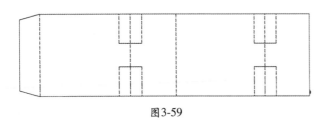

图3-59

灯泡包装盒（如图3-60所示）

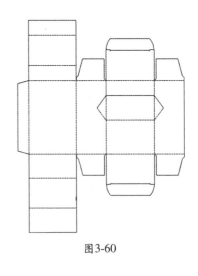

图3-60

两间隔（如图3-61所示）

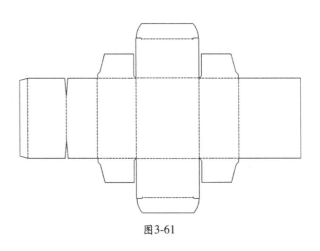

图3-61

带间隔正压翼（如图3-62所示）

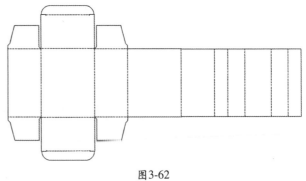

图3-62

三间隔（如图3-63所示）

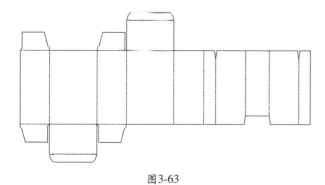

图3-63

两件连体式（如图3-64所示）

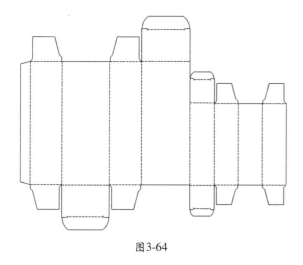

图3-64

建筑形盒（如图3-65所示）

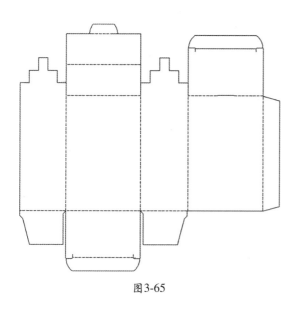

图3-65

曲拱设计（如图3-66所示）

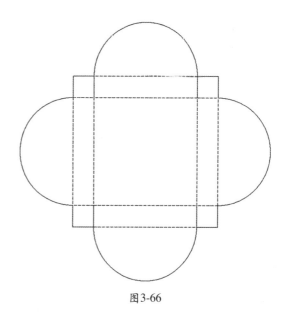

图3-66

自锁托盘盒（如图3-67所示）

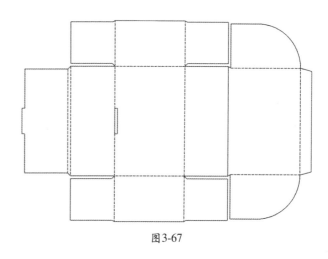

图3-67

瓦楞纸容器（如图3-68所示）

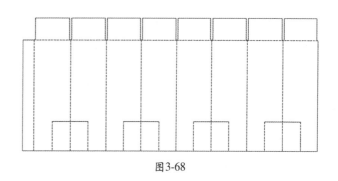

图3-68

常见管式盒（如图3-69所示）

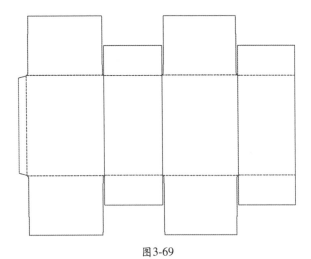

图3-69

烟盒（如图3-70所示）

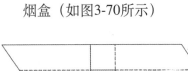

图3-70

插入式盒（如图3-71所示）

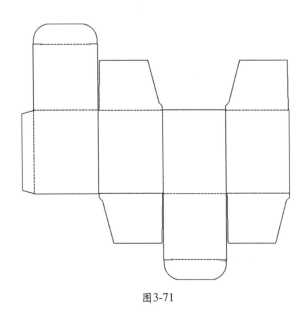

图3-71

砌墙式文件夹（如图3-72所示）

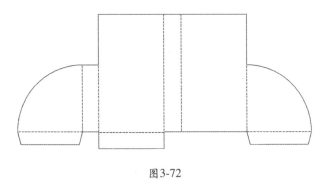

图3-72

插舌盒（如图3-73所示）

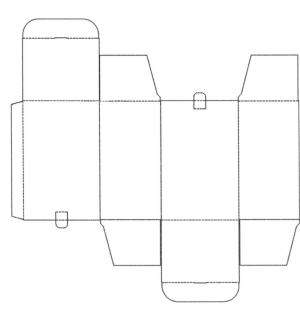

图3-73

结合式纸盒（如图3-74所示）

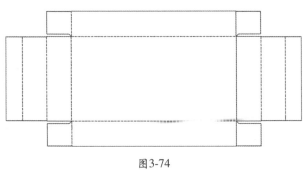

图3-74

飞机盒（如图3-75所示）

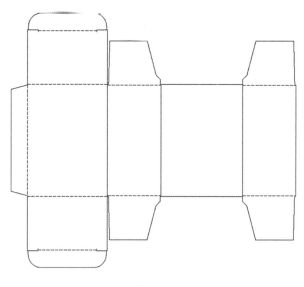

图3-75

边板敞开式纸盒（如图3-76所示）

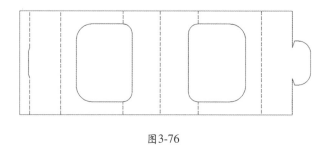

图3-76

连续摇翼式（如图3-77所示）

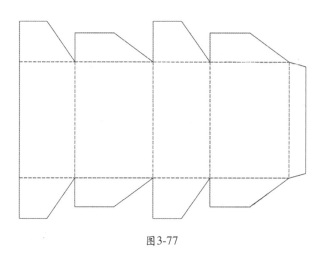

图3-77

带插锁的锥形盒（如图3-78所示）

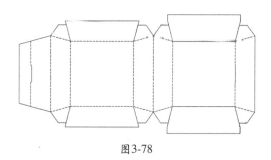

图3-78

盘式盒（如图3-79所示）

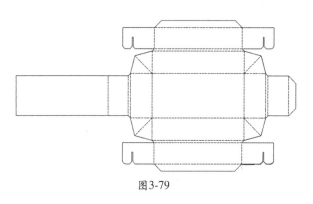

图3-79

CD套盒（如图3-80所示）

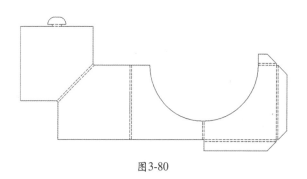

图3-80

划痕衬垫架（如图3-81所示）

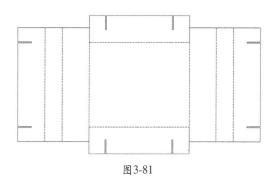

图3-81

书籍运输箱（如图3-82所示）

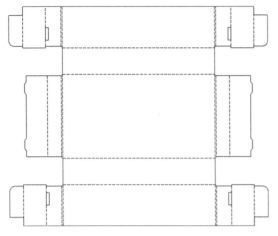

图3-82

不规则八角盒（如图3-83所示）

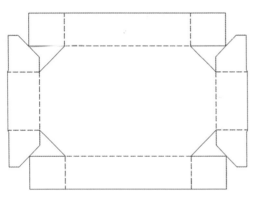

图3-83

三角牙膏盒（如图3-84所示）

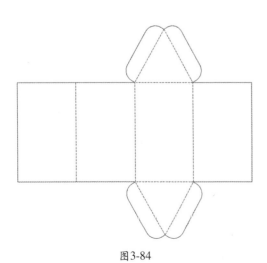

图3-84

常见坑箱（如图3-85所示）

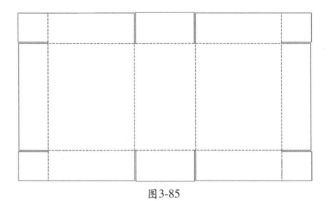

图3-85

六角形扣锁盒（如图3-86所示）

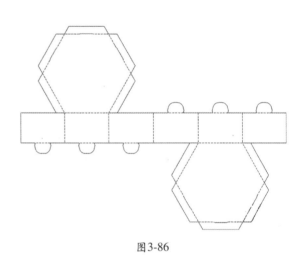

图3-86

带脚锁托盘盒（如图3-87所示）

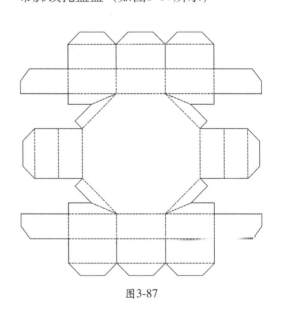

图3-87

叠盖式封口盒（如图3-88所示）

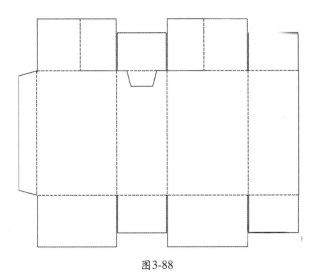

图3-88

五边形底盖（如图3-89所示）

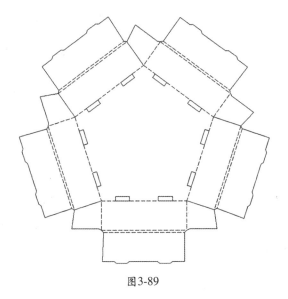

图3-89

作业练习与思考

1. 举例说明常用的基本纸盒包装结构。

2. 列举常用包装结构制图符号。

3. 列举包装结构设计常用的设计手法。

4. 动手制作管式纸盒与盘式纸盒的基本造型。

读书笔记

第 4 章

包装设计项目的实施——
视觉传达设计篇

仟务目的:

了解包装设计项目的实施过程中视觉形象设计环节的内容及相关知识点。

必备知识:

1. 熟悉包装设计工具PowerPoint、Photoshop、CorelDraw。

2. 具备一定分析解决问题的能力、设计基础能力、动手设计能力。

3. 了解印刷、生产、成型工艺方面的常识。

任务描述:

1. 通过设计实物的分析,切身体验包装设计项目实施过程中视觉传达设计环节,掌握视
觉形象设计的几个关键点。

2. 通过设计项目练习,掌握包装视觉传达设计的相关知识和设计方法。

工作步骤:

讲授、查阅资料、调研、讨论、归纳。

任务六：包装视觉传达设计

包装设计中最直接给消费者信息和能吸引消费者目光的就是包装的外观设计，外观设计中的各类平面视觉设计要素的合理安排能帮助消费者迅速提升购买的欲望，在信息传达上必须是快速、准确、直接地传达视觉感受。当你在琳琅满目的商品中寻觅时，你的目光在每件产品上停留时间是很短暂的。有些包装表现的主题过多，弱化了包装自身的吸引力，这需要设计师对平面造型设计中的商标、字体、图形、图像、色彩、编排、必要的信息等视觉元素作合理安排，正确把握。考虑到商品的陈列效果，要选择合适的材质，力求恰当地传达出商品的准确信息，表达出商品的性格。如图4-1所示，系列化妆品包装的设计，合理地安排了商标、字体、图形、图像、色彩、编排等视觉元素，既考虑到单品的特点，又考虑到系列化的一致性。

图4-1

经过包装设计的产品是通过市场与消费者见面的，包装的平面视觉元素直接影响着企业商品的销售和消费者购买的力度，因此包装的视觉平面设计要素与市场环境、消费者的心理和生理需求密切相关。在突出商品使用价值的同时，还要体现出审美价值，让经过设计的包装达到商品最大的附加值。

4.1　包装视觉传达设计的要求

包装视觉设计应从商标、图案、色彩等构成要素入手，在考虑商品特性的基础上，遵循包装视觉设计的一些基本原则，如图4-2所示，香水包装的设计，保护商品、美化商品、方便使用等，使各项设计要素协调搭配，相得益彰，以取得最佳的包装设计方案。

4.1.1　包装视觉设计要遵循的基本原则

1．形式与内容要表里如一，具体鲜明，一看包装即可知晓商品本身。

2．注意科学艺术地处理商品的名称，其字体的形状要易读、易辨、易记。

3．色彩处理要与包装的品质、类别、分量互相配合，达到统一。

4．要有具体详尽的说明文字。关于产品的原料、配制、功效、使用和养护等的具体说明，必要时还应配上简洁的示意图。

4.1.2　包装视觉传达设计的构思

构思的核心在于考虑表现什么和如何表现两个问题，回答这两个问题即要解决以下四点：表现重点、表现角度、表现手法、表现形式。

1．表现重点

重点是指表现内容的集中点。包装设计在有限的画面内进行，这是空间的局限性，同时包装在销售中的优势是在短暂的时间内为购买者认识，这是时间上的局限性，这种时空限制要求包装设计不能盲目追求面面俱到，什么都放上去等于什么都没有。图4-3滑板鞋包装设计突出色彩特点，结合包装辅助的印刷宣传品一起打造突出这款滑板鞋的紫色的运用。

2．表现角度

事物都有不同的认识角度，在表现上比较集中于一个角度，这将有利于表现鲜明的特性，如果以商品本身为表现重点，是表现商品外在形象，还是表现商品的内在属性，或是表现商品的地域特色？是表现其组成成分还是其功能效用？

图4-2

图4-3

图4-4

3．表现手法

从广义上来讲，任何事物都具有自身的特殊性，任何事物与其他事物之间都有一定的关联，这样，要表现一种事物，表现一个对象，就有两种基本手法：意识直接表现该对象的一定特征，另一种是间接地借助于该对象的一定特征，间接地借助奇特相关事物来表现。前者是直接表现，后者是间接表现。

直接表现是一种开门见山，直接传达商品信息的表现手法，直接客观地传达商品本身的信息，最常用的方法是包装上印有商品图片或包装盒上直接开窗可以看到商品本身。此外还有衬托、对比、夸张、特写等辅助性方式的直接表现手法。

间接表现是比较内在的表现手法，即画面上不出现表现的对象本身，而借助于其他有关事物来表现该对象。在构思上往往用于表现商品的某种属性或品牌理念。例如香水、酒、药品等商品很难进行直接表现，就需要用间接表现法来处理。间接表现常用的手法有比喻、联想、象征和装饰。如图4-4所示，酒包装的设计利用间接的手法，将山脉的图案应用在酒标上，并有三组色彩的变化。

4．表现形式

表现形式与手法都是解决如何表现的问题，形式是外在的武器，是设计表达的具体语言，表现形式一般归纳为写实、抽象，通常是通过摄影和插画手法来表现。

摄影具有画面逼真的效果，能直观、快捷、准确地传递商品的信息，最大限度地表达产品本身的质感，唤起消费者的兴趣，以产生强烈的购买欲望。

插画是通过设计师手工绘制的画面，例如用卡通和漫画的形式表现商品的形象，具有多样的变通性，是摄影手法所不能取代的。如图4-5所示，花纹外包装设计和多彩的字体设计能最大限度地表达商品的形象。

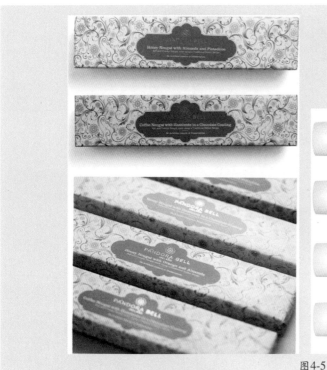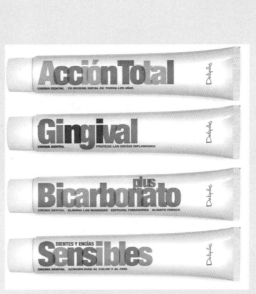

图4-5

4.1.3 包装视觉传达设计的构图

包装视觉设计自始至终都要注意整体感，要将品名、商标、图形、公司名、净含量、用途说明、规格、广告用语等都安排得当，在构图时注意从整体上把握图中主次、大小、前后、疏密、比例、位置、角度、空间等关系，要考虑到四个乃至六个面的连续关系，不可有孤立或繁琐之感。整体效果好的包装设计才具有良好的货架陈列效果。如图4-6、图4-7所示，包装构图简洁，色彩明快，画面中各个视觉元素安排得当。

4.1.4 包装视觉流程编排设计

视觉信息的传达通过一定的设计使观察者产生视线的不断移动和变化，称之为视觉流程，一般来说，人们在观察一个界定范围内的视觉构图时，习惯从上面往下面看，从左侧往右侧看，所以左上侧或正中偏上的位置是视觉最佳视域，也是安排信息最佳的选择区域。如何掌握视觉的重点，运用合理的设计方法，以发挥包装视觉传达的功能，是设计时应重点考虑的课题。

图4-6

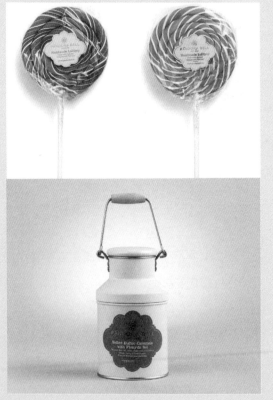

图4-7

4.2　包装视觉传达设计的构成要素

4.2.1　商标

在品牌领导和带动消费的时代，拥有自己的品牌就是最大的市场价值，商标是品牌的视觉形象和代言图形，因此，在包装外观设计中，商标的重要性就可想而知。

商标的版面展示经常会在商标的视觉冲击力、整体版面效果等方面的关系中进行平面设计。它会牵涉颜色搭配、文字组合、风格特点等的关系协调，而不仅是一个符号标识的简单展现。

4.2.2　文字

文字是重要的信息交流工具。包装是产品最好的广告。包装文字编排设计是包装设计师所面对的重要一课！

文字设计是一件完整的包装设计中不可缺少的重要组成部分，同时也是设计师掌握包装设计构成要素的重要一课。优秀的包装文字设计能起到引人注意、说明优点、引起欲望、最终采取行动的目的。包装文字设计是自由的，但不是任意的，应根据具体商品的特定要求，如设计商品的特质功能、传达对象、造型与结构、材料工艺条件等，是得到视觉传达效果最为合理有效的方案。

文字的字体就像某个人的形象面貌，不同的字体会给设计、版面、风格带来不同的形象面貌。作为包装设计师，可以依据包装设计的要求来选择某种现成的字体进行版面、风格的组织编排设计，如宣传性的文字和说明性的文字，也可以对字体进行特殊要求的设计，使整个包装的风格、格调根据包装策略的需求进行贴身设计，在同质化市场中脱颖而出，如商品的名称或品牌的名称等主体形象部分的文字。如图4-8、4-9所示，化妆品包装和CD包装的设计，在不同色彩的纸张上面运用不同设计手法的文字呈现出完全不同的包装风格。

图4-8　　　　　　　　　　　　　　　　图4-9

1. 主视觉文字

主视觉文字包括品牌名称、商品名称、企业标识名称、企业名称。这些文字代表产品形象，是包装视觉设计中最重要的文字，要求醒目突出，清新端庄，个性鲜明，一般被安排在包装的主展示面上。

2. 宣传性文字

宣传性文字是对产品的广告作补充表达，位置灵活多变，不宜超过主视觉文字；这类字体既可以与主体文字同一个字体类型出现，也可以与它有所区别，视宣传的目的和版面的编排而定，总之不能喧宾夺主。

3. 说明性文字

说明性文字是对商品的内容作出细致的说明，主要是采用阅读性强的印刷字体，说明性文字作为单体在包装内外都可以出现。它的内容主要是对产品的介绍，如功能、用途、成分、使用方法、重量、体积、型号、规格、生产日期、保养要求、注意事项等。主要是为了更准确地理解产品特点，起到使用指导和介绍告知的目的，设计时也要以独特的方式来展示信息，注意信息的主次和删选。

字体的设计、字号的大小及编排会产生不同的风格，如强壮、柔弱、怀旧、优雅、时尚、轻重等，针对不同的内容物、不同的包装材料、不同的包装结构、不同的包装广告要求、不同的色彩、不同的购买群体、不同的行业等所产生的设计效果是需要有的放矢的，对中英文的主次使用、投放的目标市场、不同文化的人群阅读等也要作出合理的设计、选择和应用，语言能起到区分品牌和各类消费者的文化偏爱作用。

知识链接：

文字排版设计综述

点、线、面是构成视觉空间的基本元素，也是排版设计上的主要语言。排版设计实际上就是如何经营好点、线、面。不管版面的内容与形式如何复杂，但最终可以简化到点、线、面上来。在平面设计家眼里，世上万物都可归纳为点、线、面，一个字母、一个页码数，可以理解为一个点；一行文字、一行空白，均可理解为一条线；数行文字与一片空白，则可理解为面。它们相互依存，相互作用，组合出各种各样的形态，构建成一个个千变万化的全新版面。

点在版面上的构成

点的感觉是相对的，它是由形状、方向、大小、位置等形式构成的。这种聚散的排列与组合，带给人们不同的心理感应。点可以成为画龙点睛之"点"，和其他视觉设计要素相比，形成画面的中心，也可以和其他形态组合，起着平衡画面轻重，填补一定的空间，点缀和活跃画面气氛的作用；还可以组合起来，成为一种肌理或其他要素，衬托画面主体。

线在版面上的构成

线游离于点与形之间，具有位置、长度、宽度、方向、形状和性格。直线和曲线是决定版面形象的基本要素。每一种线都有它自己独特的个性与情感存在着。将各种不同的线运用到版面设计中去，就会获得各种不同的效果。所以说，设计者能善于运用它，就等于拥有一个最得力的工具。

线从理论上讲，是点的发展和延伸。线的性质在编排设计中是多样性的。在许多应用性的设计中，文字构成的线，往往占据着画面的主要位置，成为设计者处理的主要对象。线也可以构成各种装饰要素，以及各种形态的外轮廓，它们起着界定、分隔画面各种形象的作用。作为设计要素，线在设计中的影响力大于点。线要求在视觉上占有更大的空间，它们的延伸带来了一种动势。线可以串联各种视觉要素，可以分割画面和图像文字，可以使画面充满动感，也可以在最大程度上稳定画面。

面在版面上的构成

面在空间上占有的面积最多，因而在视觉上要比点、线来得强烈、实在，具有鲜明的个性特征。面可分成几何形和自由形两大类。因此，在排版设计时要把握相互间整体的和谐，才能产生具有美感的视觉形式。在现实的排版设计中，面的表现也包容了各种色彩、肌理等方面的变化，同时面的形状和边缘对面的性质也有着很大的影响，在不同的情况下会使面的形象产生极多的变化。在整个基本视觉要素中，面的视觉影响力最

大，它们在画面上往往是举足轻重的。

文字与版式设计

图4-10（a）中的两大排白色文字很容易就吸引你的目光，因为作者充分利用了图中人物的姿态，好象一手托着字而另一只手往下按着字，自然而然地吸引你的视线，达成设计目的。

图4-10（b）虽然图片上的字很多，却还是给人一种很清爽的感觉，设计者利用衣服的色彩以及走势打入文字来吸引目光，不失为聪明之举。前期拍摄从人物的整体造型到灯光色彩都非常精彩，这绝非后期修改所能做到的。

图4-10（c）画面很有戏剧性，作者利用了被摄者拉购物车的这一生动姿态来编排文字。大家在做设计的时候应该努力发现自己图片中的特点和细节，利用图片中的某个姿态、色彩、形状、走势等来合理编排自己的文字。

(a)　　　　　　　　　　(b)　　　　　　　　　　(c)

图4-10

图形可以理解为除摄影以外的一切图和形。图形以其独特的想象力、创造力及超现实的自由构造，在排版设计中展示着独特的视觉魅力。在国外，图形设计师已成为一种专门的职业。图形

设计师的社会地位已伴随图形表达形式所起的社会作用，日益被人们所认同。今天，图形设计师已不再满足或停留在手绘的技巧上，电脑新科技为图形设计师们提供了广阔的表演舞台，促使图

形的视觉语言变得更加丰富多彩。图形主要具有以下特征：图形的简洁性、夸张性、具象性、抽象性、符号性、文字性等。

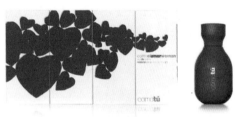

图4-11

图形的简洁性

图形在排版设计中最直接的效果就是简洁明了，主题突出。

图形的夸张性

夸张是设计师最常借用的一种表现手法，它将对象中的特殊和个性中美的方面进行明显的夸大，并凭借于想象，充分扩大事物的特征，造成新奇变幻的版面情趣，以此来加强版面的艺术感染力，从而加速信息传达的时效。

图形的具象性

具象性图形最大的特点在于真实地反映自然形态的美。在以人物、动物、植物、矿物或自然环境为元素的造型中，以写实性与装饰性相结合，令人产生具体清晰、亲切生动和信任感、以

反映事物的内涵和自身的艺术性去吸引和感染读者，使版面构成一目了然，深得读者尤其是儿童的广泛喜爱。

图形的抽象性

抽象性图形以简洁单纯而又鲜明的特征为主要特色。它运用几何图形的点、线、面及圆、方、三角等形状来构成，是规律的概括与提炼。所谓"言有尽而意无穷"，就是利用有限的形式语言所营造的空间意境，让读者的想象力去填补、去联想、去体味。这种简炼精美的图形为现代人们所喜闻乐见，其表现的前景是广阔的、深远的、无限的，而构成的版面更具有时代特色。

图形的符号性

在排版设计中，图形符号性最具有代表性，它是人们把信息与某种事物相关联，然后再通过视觉感知其代表一定的事物。当这种对象被公众认同时，便成为代表这个事物的图形符号。如国徽是一种符号，它是一个国家的象征。图形符号在排版设计中最具有简洁、醒目、变化多端的视觉体验。它包含有三方面的内涵：

符号的象征性：运用感性、含蓄、隐喻的符号，暗示和启发人们产生联想，揭示着情感内容和思想观念。

符号的形象性：以具体清晰的符号去表现版面内容，图形符号与内容的传达往往是相一致的，也就是说它与事物的本质联为一体。

符号的指示性：顾名思义，这是一种命令、传达、指示性的符号。在版面构成中，经常采用此种形式，以此引领、诱导读者的视线，沿着设计师的视线流程进行阅读。

图形的文字性

文字的图形化特征，历来是设计师们乐此不

疲的创作素材。中国历来讲究书画同源。其文字本身就具有图形之美而达到艺术境界。以图造字早在上古时期的甲骨文就开始了。至今其文字结构依然符合图形审美的构成原则。世界上的文字也不外乎象形和符号等形式。所以说，要从文字中发现可组成图形的因素实在是一件轻而易举之事。它包含有图形文字和文字图形的双层意义。

（1）图形文字

图形文字是指将文字用图形的形式来处理构成版面。这种版式在版面构成中占有重要的地位。运用重叠、放射、变形等形式在视觉上产生特殊效果，给图形文字开辟了一个新的设计领域。

（2）文字图形

文字图形，就是将文字作为最基本单位的点、线、面出现在设计中，使其成为排版设计的一部分，甚至整体达到图文并茂、别具一格的版面构成形式。这是一种极具趣味的构成方式，往往能起到活跃人们视线、产生生动妙趣的效果。

图4-12

4.2.3　图形（图像）

图形是包装设计中的兴奋剂，也是包装设计的视觉中心，如果包装设计中不是以字体作为主体形象来组织版面的，那一定是图形或图像、它能增加包装的审美趣味和品位，能增加包装设计的艺术感和时尚性。字形创作自由性强，但产品的直观性表达不如图像强。图形在人们的观念中是在逼真图片以外的所有的形象图形的统称，如卡通、图案、书法、各类插画、符号等。

1. 卡通

卡通是采用夸张、幽默、艺术修饰的手法来表达形象，其中的各个形象被采用到包装设计中来，如美国迪士尼的唐老鸭、米老鼠以及布袋熊等一些卡通形象，日本的樱桃小丸子的卡通形象等。通过故事中的生动形象来辅助包装产品的外观图形设计，带动文化的传递，消费者对故事中形象的喜爱而认同的一种图形设计。也有设计师为特定产品包装的需求而创造的卡通形象，用来传达可爱、大真、有趣、亲近的视觉形象感受以达到包装产品促销的目的。

2. 符号

符号是图形的简化形式，符号在包装设计中有保护商品的标识作用，如防潮、易碎、向上、倒置、防震、辐射、堆放等图形；有表示经过认证的标识，如绿色食品、安全认证、回收利用、质量安全等图形；有作为包装设计的主体图形，如标点符号、电脑上的一些图标形态等；还有不同行业的特殊图标如药品、毒品、危险品等。图标能快速准确地传递信息，作为文字说明的辅助形式帮助记忆，达到形象的生动。符号也能起到跨越语言含义的界限，起到警告、提醒、引导适用的信息传递的作用。一个简洁的图形符号无需用文字来说明也能传达准确的信息。

3. 插画

插画也有称为插图的，它是一种带有手工

创作与装饰绘画感觉的图形创作作品，它的形式比较多，有速写、粉彩、油画、版画、水墨、电脑绘画等。插画的想象空间大，创作手法多样，甚至可以为了包装的需要来创作产品的插画。它可以凸显品牌个性，制造品牌差异，作用不亚于图像。插画的风格可以是现代的、传统的、幽默的、时尚的，包装设计在一定程度上也可以通过不同风格的插画师进行创作，依据产品的包装需求来确定不同的插画风格，赋予包装新的生命力。现代一些包装设计中通过连续的、有趣的插画来表示产品的使用方法、功能、品牌的故事等，创造出有别于其他包装的设计特点和效果。

图4-13

图4-14

4．图像

图像的逼真性是摄影与现代三维软件设计造型的一个特点，正是这种真实效果能准确地传达出产品的特点，如色、香、味、品质等感觉上的完美性，调动消费者的生理和心理感受，传达出产品的价值和追求。而某些商品特别希望购买者能通过外观的图像来感受产品的特点、质量、品位、使用状态等的直观现象。

5．图案和书法

图案和书法是区域文化性比较强的一种图形形象，不同的文化背景带有不同的传统文化图案。如中国传统的图案、非洲的图案、波斯的图案等。但总体来说图案是一种装饰性很强的图形形式，大多以较抽象的形式延续下来，在点线面的构成、肌理和色彩的表达上都有浓厚的文化积淀。运用到包装设计中，可以依据包装的产品特点和要求进行一些设计加工，使产品的包装更具有现代感和时尚感。

4.2.4　包装色彩

包装视觉设计中的色彩要求醒目，对比强烈，有较强的吸引力和竞争力，以唤起消费者的购买欲望，促进销售。例如，食品类和鲜明丰富的色调，以暖色为主，突出食品的新鲜、营养和味觉；医药类和单纯的冷暖色调；化妆品类常用柔和的中间色调；小五金、机械工具类常用蓝、黑及其他沉着的色块，以表示坚实、精密和耐用的特点；儿童玩具类常用鲜艳夺目的纯色和冷暖对比强烈的各种色块，以符合儿童的心理和爱好；体育用品类多采用鲜明响亮色块，以增加活跃、运动的感觉……不同的商品有不同的特点与属性。设计者要研究消费者的习惯和爱好以及国际、国内流行色的变化趋势，以不断增强色彩的社会学和消费者心理学意识。

色彩设计在包装设计中占据重要的位置。色

彩是美化和突出产品的重要因素。包装色彩的运用与整个画面设计的构思、构图紧密联系着的。包装色彩要求平面化、匀整化，这是对色彩的过滤、提炼的高度概括。它以人们的联想和色彩的习惯为依据，进行高度的夸张和变色，是包装艺术的一种手段。同时，包装的色彩还必须受到工艺、材料、用途和销售地区等的限制。

知识链接：

色彩的联想

1. 温暖：给人温暖感觉的色彩能使人联想到太阳和火。

系列色彩：红色、朱红色、黄色、金黄色（图4-15）。

应用商品：热饮、曲奇饼、白兰地。

图4-15

2. 冰冷：给人冷冰感觉的色彩能够使人联想到天空、水、冰等。

系列色彩：蓝色、青绿色、天蓝色、紫红色、银色（图4-16）。

应用商品：功能性饮料、化妆品、肥皂、沐浴露、芳香剂。

图4-16

3. 柔和：高亮度的淡粉色给人一种安静、温柔、柔和的感觉，具有女性化的整洁形象。

系列色彩：粉红色、淡紫色、米黄色、乳白色、淡绿色、粉色（图4-17）。

应用商品：婴幼儿商品、化妆品、沐浴用品、卫生用品。

图4-17

4. 强烈：高饱和、瞩目性强的色彩给人一种强烈的感觉，使人联想到活力十足、充沛的能量。

系列色彩：蓝色、黑色、红色、黄色、银色（图4-18）。

应用商品：男性化妆品、运动用品。

图4-18

5. 现代：原色及高饱和度的鲜明色彩搭配、强烈的色彩配色能够表现出现代感。

系列色彩：褐色、白色、银色、蓝色、绿色、黄色、红色（图4-19）。

应用商品：体育用品、电子产品。

图4-19

6. 未来：在宇宙空间能够发现的蓝色、深蓝色、黑色及未来都市霓虹灯的黄色、激光束的绿色、闪耀着金属光泽的银色等。

系列色彩：蓝色、深蓝色、黑色、黄色、绿色、银色（图4-20）。

应用商品：电子产品、高科技产品。

图4-20

7. 自然：晴朗天空的天蓝色、苍翠森林的绿色、广阔田野和大地的米色、土黄色、褐色等自然的色彩给人一种朴素、舒适的感觉。

系列色彩：天蓝色、米色、土黄色、绿色、褐色（图4-21）。

应用商品：果汁饮料、农产品、果酱、天然化妆品。

图4-21

8. 高雅：饱和度高、亮度低的色彩给人带来高雅的感觉。

系列色彩：金黄色、紫色、褐色、卡其色、紫红色、银色、灰色、黑色（图4-22）。

应用商品：汽车、时尚产品、饰品、香水、酒。

图4-22

9. 大众：人们熟悉的色彩，能满足大多数人的要求，在复杂的环境中关注度高。

系列色彩：粉红色、鲜红色、紫红色、紫色、金黄色（图4-23）。

应用商品：巧克力、丝织品。

图4-23

10. 浪漫：使人联想到爱情、晚霞、有情调的晚餐等甜蜜画面的色彩。

系列色彩：粉红色、红色、蓝色、绿色、白色、黄色、朱红色（图4-24）。

应用商品：巧克力、丝织品。

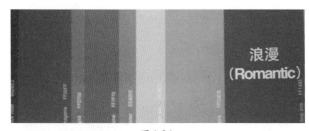

图4-24

11. 传统：从古代的文物、家居、服装、生活用品中发现的色彩，它能够使人联想到历史、传统、信仰、典雅、真诚等。

系列色彩：褐色、土黄色、墨绿色（图 4-25）。

应用商品：茶叶、书籍、文具。

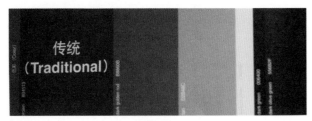

图 4-25

作业练习与思考

1. 包装视觉设计的基本要素有哪些？

2. 不同类型商标在包装版面上的设计练习。

3. 以文字为主的包装视觉设计练习。

4. 以图形设计为主的包装视觉设计练习。

5. 以摄影为主的包装视觉设计练习。

读书笔记

第 5 章

包装设计项目的实施——
印前工艺篇

任务目的：

了解包装设计项目的实施过程中涉及的相关印前工艺的内容及相关知识点。

必备知识：

1. 熟悉包装设计工具PowerPoint、Photoshop、CorelDraw。

2. 具备一定分析解决问题的能力、设计基础能力、动手设计能力。

3. 了解印刷、生产、成型工艺方面的常识。

任务描述：

1. 通过设计实物的分析，了解包装设计项目实施过程中印前工艺环节，掌握在包装设计制作中印前工艺的几个关键点。

2. 通过设计项目练习，掌握包装设计的相关印前工艺知识。

工作步骤：

讲授、查阅资料、调研、讨论、归纳。

任务七：包装设计与印前工艺

一般来讲，从设计完成稿到纸盒印刷成品，大体分为三个阶段：印前工作阶段、印刷阶段、印后加工阶段。整个工艺流程大致如图5-1所示。

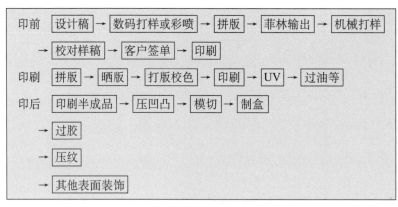

图5-1

■ 5.1 印前工作

从设计稿制作到打样都属于印前工作阶段。为做好印前工作，必须掌握以下基础知识。

5.1.1 分辨率

在电脑辅助设计中，插图的绘制方法一般有两种，Illustrator或CorelDraw软件绘制的矢量图，这种图像不受放大倍数的影响，另外一种是通过Photoshop等图像处理软件绘制的位图图片，对于包装设计来说，一般图片需要300dpi的分辨率，因此，对包装图像进行处理时，应设置合理的输出分辨率，才能达到精美的印刷效果。如图5-2所示。

图5-2

5.1.2 色彩输出模式

对于单色印刷品，输出单色软片即可。彩色印刷时通过分色，输出成青（C）、品红（M）、黄（Y）、黑（K）四色胶片进行制版印刷，所以要将设计软件的色彩输出模式设置为CMYK四色模式。如图5-3所示。

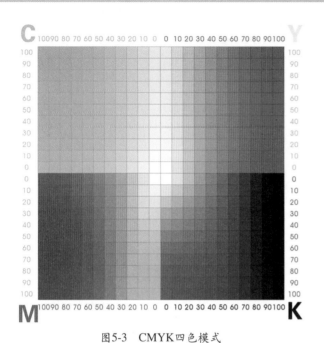

图5-3　CMYK四色模式

5.1.3　"出血"的设置

出血是一个常用的印刷术语，印刷中的出血是指加大产品外尺寸的图案，在制做的时候我们就分为设计尺寸和成品尺寸，设计尺寸总是比成品尺寸大，大出来的边是要在印刷后裁切掉的，这个要印出来并裁切掉的部分就称为出血或出血位。

通常出血位的标准尺寸为3mm，就是沿实际尺寸加大3mm的边。这种边按尺寸内颜色的自然扩大就最为理想。注意出血有时候并不一定是3mm，3mm为常用印刷标准出血位，针对不同的工艺有不同的要求。比如我给客户做的折页一般只出到2mm，报纸只需添加角线就可以了。

平面设计出血就是纸张四周凡有颜色的地方都要向外扩大3mm。以大度16开为例，成品尺寸为210mm×285mm，制作稿就要做成216mm×291mm，如果刚好做成成品大小，切钢刀时就可能出现白边，因此在制作时就要求出血，印刷厂在给成品切钢刀时会自动向内收3mm。为防止出现白边，图像大小做成21.6cm×29.1cm合适。如图5-4所示。

图5-4　"出血"的设置

5.1.4　套准线设置

也叫做"套色线"，当设计稿需要两色或两色以上的印刷时，就需要制作套准线。套准线通常安排在版面外的四角，呈十字形或丁字形，目的是为了印刷时套印准确，所以为了做到套印准确，每一个印版包括模切版的套准线都必须准确地套准叠印在一起，以保证包装印刷制作的准确。如图5-5所示。

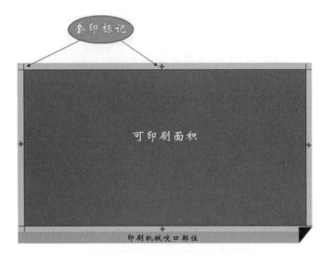

图5-5　套准线设置

5.1.5　条形码的制版与印刷

商品条码化使商品的发货、进货、库存和销售等物流环节的工作效率大幅度提高。条形码必须做到扫描器能正确识读，对制版与印刷提出了较高的要求。如图5-6所示。条码制版与印刷应注意的问题主要有以下几方面：

（1）制版时条码印刷尺寸在包装面积大小允许的情况下，应选用条码标准尺寸37.29mm×26.26mm，缩放比例为0.8~2.0倍。

（2）不得随意截短条码符号的高度，对于一些产品包装面积较小的特殊情况，允许适当截短条码符号的高度，但要求剩余高度不低于原高度的2/3。

（3）条码上数字符的字体按国家标准GB12508中字符集印刷图像的形状，印刷位置应按照国家标准GBT14257—1993《通用商品条码符号位置》的规定摆放。

（4）印刷时底色通常采用白色或浅色，线条采用黑色或深色，底色与线条反差密度值大于0.5。条码的反射率越低越好，空白的反射率越高越好。

（5）注意条码的印刷适性。

（6）要求印条码的纸张纤维方向与条码方向一致，以减小条、空的变化。

图5-6　条形码

■ 5.2　印刷工艺流程

5.2.1　设计稿

设计稿是对印刷元素的综合设计，包括图片、插图、文字、图表等。目前在包装设计中普遍采用电脑辅助设计，以往要求精确的黑白原稿绘制过程被省去，取而代之的是直观地运用电脑对设计元素进行编辑设计。如图5-7所示。

图5-7　刘鑫希红酒设计稿

5.2.2　照相与分色

对于包装设计中的图像来源，如插图、摄影照片等，要经过照相或扫描分色，经过电脑调整才能够进行印刷。目前，电子分色技术产生的效果精美准确，已被广泛地应用。

5.2.3　制版

制版方式有凸版、平版、凹版、丝网版等，但基本上都是采用晒版和腐蚀的原理进行制版。现代平版印刷是通过分色制成软片，然后晒到PS版上进行拼版印刷的。如图5-8所示。

图5-8　菲林片

5.2.4 拼版

将各种不同制版来源的软片，分别按要求大小拼到印刷版上，然后再晒成印版（PS版）进行印刷。

5.2.5 打样

晒版后的印版在打样机上进行少量试印，以此作为与设计原稿进行比对、校对及对印刷工艺进行调整的依据和参照。如图5-9所示。

图5-9 打样

5.2.6 印刷

根据合乎要求的开度，使用相应印刷设备进行大批量生产。

5.2.7 加工成型

对印刷成品进行压凸、烫金（银）、上光过塑、打孔、模切、除废、折叠、粘合、成型等后期工艺加工。

■ 5.3 包装印刷方法

5.3.1 凸版印刷机

中国和德国在早期印刷上的尝试都建立在凸版印刷技术的基础之上，凸版印刷机是通过它表面凸起部分进行印刷，被印刷的图像放在印刷机静止的底部上面，凸起的部分沾上了油墨，压在纸面上将图像转移到印刷物上。如果这个图像是一个字母，那么就是把字母压制上去从而形成印刷，这就是凸版印刷。如图5-10所示。

凸版印刷通常称为浮雕印刷。值得一提的是，如今的凸版印刷由500年前的工艺改良而成。事实上，在平版印刷横空出现之后的1950年至1960年之间，凸版印刷仍然是主要的商业印刷手段。

最初，凸版印刷是一个缓慢的、费力的过程，因为所有的铅字都是手工完成的，一次一个字母这种压制印刷基本上是一种粗糙的技术，是从简单的榨汁机上得到的灵感。然而这种工艺延用了300多年。即使凸版印刷已经经过了一段时期的改进，在随后的20~30年里它仍然是最基本的印刷技术，而且在未来的100年里，它在某些地方依然是可行的印刷方法。

两个工人进行这类使用木头和铁的工作，一天可以印刷500次。今天一台很普通的平版印刷机在1小时内可以很容易地印刷上万次，而且纸质的提升、精确度、质量和平版印刷各方面的细节使印刷标准持续升高。

凸版印刷机仍然是实用的商业印刷设备，尽管它使用时有一定的局限性，技术也相对陈旧。凸版印刷机可以分为以下三种形式：平压平型印刷机、圆压平型印刷机、圆压圆型印刷机。如图5-11和图5-12所示。

图5-10　德国海德堡印刷机

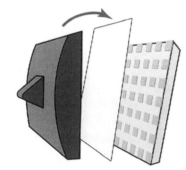

平压平型印刷机

圆压平型印刷机

图5-11

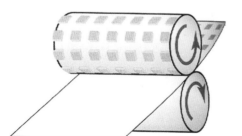

图5-12　圆压圆型印刷机

1. 平压平型印刷机

实用又万能的平压平型印刷机被称为"压板印刷机"，因为它能用来印刷任何东西，从信笺抬头到入场券、海报、名片以及其他各式各样的物品印刷。此外，平压平型印刷机还能完成切边、凹凸、钢线（在纸张上划一条折痕）、压花和打孔等。

凸版印刷机又被称为平压，因为它操作时，纸张置于平整的表面上进行印刷，以固定的形式移动，纸张被牢牢地固定住依次通过印床。因为平压印刷的操作方式通常让人联想起蛤壳一张一开的运动方式，因此这种印刷方式也常被称作一只"蛤"，或"蛤壳印刷"。它的长处就在于其简单可靠的构造设计。平压平型印刷机几乎没什么明显的缺陷，由于其多功能的特性，它成了今天三种印刷机里最长久也是最实用的一种。

2. 圆压平型印刷机

1841年柯林宝公司出售了第一台电动的凸版印刷机给伦敦《泰晤士报》。它是一款蒸汽动力型机器，其压印滚筒可以连续地旋转。由于其印刷模型是置于压印表层的，因而被称为圆压平型印刷机。评论对印刷设备称赞有加，称之为"自印刷术诞生以来，印刷设备的最伟大的变革"。随后圆型印刷机又做了进一步改进，安装了刚刚出现于印刷行业的自动送纸装置和可以折叠纸张的折叠机。

3. 圆压圆型印刷机

圆压圆型印刷机的发展克服了圆压平型印刷机的缺点。这类凸版印刷机高效且快速，用于杂志类期刊、报纸广告册等综合出版物的连续印刷。它也采用转动的压印和旋转式的版台纸张以卷筒状连续转，不再是单张的薄片，当纸通过时可以印刷正反两面。圆压圆型印刷机将铸件组成弯金属或塑料平板，将它们固定在滚筒上。

1869年，《泰晤士报》通过在圆压圆型印刷机的卷筒上印刷，再次在印刷业上取得突破性的成功。在随后的几年里，美国的印刷机制造商罗伯特·何欧（Robert Hoc）使印刷机更进一步，可以将一卷空白纸经过印刷后折叠、按数量分好并可直接付诸买卖，报纸印刷得到了改善和发展。

如今，卷筒印刷机的印刷速度相当快，以至于生产方面是对每分钟有多少英尺的纸通过印刷机进行统计，而不是统计有多少张纸被印刷。尽管别的印刷工艺占据视觉通讯的中心地位，但凸版印刷机仍然未消失一种新的印刷术—苯胺印刷，使凸版印刷术起死回生。

虽然凸版印刷机理所应当地博得高品质的名声，但它的价格仍然十分昂贵。过度开支产生的原因之一是所有的艺术品均需送出去制雕刻版，这个过程很费钱，这一技术也存在着缺点。凸版印刷是"热式排版"，很难与平版印刷和谐起来。相对而言，平版印刷更高效、更省钱、更洁净，而且由于它的图片不必送出去雕刻，可以自给自足。事实上，有不少印刷商自己制造图版，现在凸版印刷的主要功能与其说是用于印刷，倒不如说是它的一些特殊功能，如模切、烫金、热印、轧花等。正因以上这些和另外的原因，凸版印刷正一步一步走向衰亡。

5.3.2 凹版印刷机

凹版印刷，或者说凹雕，正好与凸版印刷相反。它用凹面来代替凸面进行印刷。如同别的印刷术一样，凹版印刷也有一段悠久的历史。迄今发现最早的凹版印刷，是一份详细介绍由8位小天使相伴的圣母玛利亚登上王位的出版物。这是由一位被称为E.5的未知的德国艺术家制造出版的，注明日期为1461年。如图5-13所示。

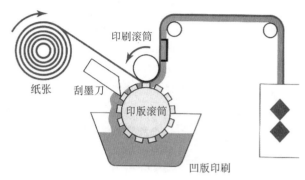

图5-13 凹版印刷机

凹版印刷很适用于照片的复制。由于它的整个印版需要制网（字体、线条及半调照片），因而相当独特。许多大型刊物都是采用凹版印刷，诸如美国《国家地理》、《Vogue》、《读者文摘》等。芝加哥的当纳利公司是世界上最大的几家凹版印刷机公司之一。

乍一看，凹版印刷机（轮转印刷机）像是凸版印刷机的翻版。尽管滚筒的构造是一样的，但由于铅字和完稿是在凹面，所以两种印刷机还是截然不同的。印版滚筒穿过墨水槽，将墨水压进印版的凹槽里，随后刮墨刀迅速将溢出的墨刮掉，同时清洁印版表面，随后压印滚筒压在待印刷的纸张上，将墨印制在纸上。如图5-14所示。

如同凸版印刷机一样，凹版印刷机同样是昂贵的。专用的网版（常用的是150线甚至更高）产生非同寻常的色调，事实上这种连续的色调相当接近原色。凹版印刷机的次级模糊色有助于融合图像再现时色调级别的转换，照相凹版也是快干型。然而，由于制版的昂贵特性，如今仅有那些大型出版物才采用这种印刷模式，最大的客户是一些大型流通刊物，如对图片质量要求相当高的美国《国家地理》一类的刊物。大发行量的高清晰摄影书刊也采用这种工艺。

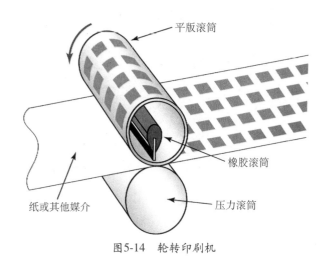

图5-14　轮转印刷机

5.3.3　丝网印刷

丝网印刷，也称作丝绢网印花法或丝网彩色套印。通常丝网是由丝、尼龙、涤纶甚至不锈钢丝组成，安装在网框上，制成多孔丝网。裁出一张蜡版（手工裁或机械裁剪法）用于印刷字或用于复制图像，将之放置在网版上。

将纸张放置于丝网下，在丝网上涂一层粘稠的类似油漆的胶，用橡胶辊进行涂刮，渗入网眼，这样就完成了印刷。丝网的混合范围是非常广的，既有小而粗糙的（24英寸木制网框和一片丝绸制成的丝网），又有大而且精细的，用于四色印刷的丝网，可印制广告板大小的作品。

将蜡纸用于制造图像可追溯到公元前一千年的中国，但丝网印刷却直到第二次世界大战后才成为印刷的重要组成部分。如今全自动的丝网印刷机、四色、五色丝网印刷机、网印机等被用于印刷海报、T恤、旗单、封面、大型不干胶贴纸、包装袋甚至广告牌。虽然丝网印刷的应用受限制，工艺却已经很成熟，而且它的适用范围大到可用于在苏打瓶上印制LOGO及印制海报，小

到印刷包装材料样品。它主要的特性在于它可在纸张、织物、玻璃、材料上印刷作品。

5.3.4　平版印刷

近年来，印刷中最大的一部分——凸版印刷被淘汰了，而平版印刷则成了首选。事实上，现如今约有90%的印刷品是通过平版印刷完成的。平版印刷机印版表面的图文部分与空白部分几乎处在同一平面上。它利用水、油相斥的原理，使图文部分抗水亲油，空白部分抗油亲水而不沾油墨，在压力作用下使着墨部分的油墨转移到印刷物表面，从而完成印刷过程。如图5-15所示。

图5-15　六色平版印刷机

■ 5.4　包装印刷的加工工艺

包装的印刷加工工艺是在印刷完成后，为了美观和提升包装的特色，在印刷品上进行的后期效果加工，主要有烫印、上光上蜡、浮出、压印、扣刀等工艺。

5.4.1　烫印

烫印的材料是具有金属光泽的电化铝箔，颜色有金、银以及其他种类。在包装上主要用于对品牌等主体形象进行突出表现的处理。如图5-16所示。

图5-16　烫印

图5-18　压印

5.4.2　上光与上蜡

上光是使印刷品表面形成一层光膜，以增强色泽，并对包装起到保护作用。

5.4.3　浮出

这是一种在印刷后，将树脂粉末溶解在未干的油墨里，经过加热而使印纹隆起、凸出产生立体感的特殊工艺，这种工艺适用于高档礼品的包装设计，有高档华丽的感觉。如图5-17所示。

5.4.5　扣刀

又称压印成型或压切。当包装印刷需要切成特殊的形状时，可通过扣刀成型。如图5-19所示。

图5-19　扣刀

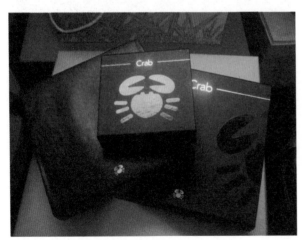

图5-17　浮出

5.4.4　压印

又称凹凸压印，先根据图形形状以金属版或石膏制成两块相配套的凸版和凹版，将纸张置于凹版与凸版之间，稍微加热并施以压力，纸张则产生了凹凸现象。如图5-18所示。

第6章
实战项目训练

任务目的:

通过本章学习,了解包装设计方案项目实际制作流程,掌握包装设计制作技巧,能够把握包装出片打样和印刷制作过程的要点。

必备知识:

包装设计常用软件、模切板与平面展开图的制作、出片打样、印刷制作。

任务描述:

我们以纸包装设计为例,了解完成一个包装设计方案需要转换成实物制作阶段的准备工作和实施过程,这个过程通常包括制作正稿——制作输出稿—出片打样—印刷制作,第2步和第3步就是我们通常所说的"印前"。

工作步骤:

讲授、查阅资料、调研、讨论、归纳、设计实施。

■ 6.1 设计正稿的制作

包装设计正稿就是要制作包装的平面展开图，不同结构的包装其平面展开图也不相同，对六面体造型的纸包装项目而言，就是要完成六个展示面的设计；对于罐装包装，就是要绘制罐体的平面展开设计；而对于瓶类包装则比较简单，完成各部分瓶贴的设计即可。

6.1.1 工具的选择

包装的平面展开图通常是在电脑上完成的，电脑辅助制作既准确又快捷，最大的好处是可以修改。可以选择的软件很多，Photoshop、Illustrator、CorelDraw等二维设计软件都可以准确的进行制作。

6.1.2 制作要点

1．准确设置尺寸

设计正稿的尺寸尽量在新建文件时就设置为原始大小，这样可以避免尺寸修改带来的布局变化。

2．把握图片分辨率

为确保输出效果，包装制作中使用的所有彩色图片分辨率都应该在300dpi以上，灰度图片分辨率在150dpi以上。

3．模切板与平面展开图的制作

● 确定尺寸。

● 结构设计制作。

● 完成平面展开图。

4．效果图制作

平面展开图制作完成后，由于平面效果和立体效果会产生差别，尤其是各个展示面之间的关系，在平面状态下无法准确地进行观察、判断、调整。因此制作立体效果，从包装的实际展示状态观察包装设计在立体状态下的实际效果，对不

满意、不合理的部分进行重新设计或调整。

包装立体效果的表现可以采用两种方式：运用电脑制作立体效果；选择合适的材料制作实际的样品。

（1）电脑效果图表现

随着科技的发展，电脑已经深入到我们的工作生活中，影响着我们的生活方式和观念。对包装设计而言，电脑使包装效果表现摆脱了环境和现实的束缚，设计师进入想象与自由创作的新领域。利用电脑进行包装效果图的表现，无需制作实物就可以营造逼真的现实效果，直观进行包装效果的监测，可以说是一种方便快捷的方式。

效果表现的手段是多样的：Photoshop图像处理软件、3ds max三维设计软件等都可胜任，可以根据自己的实际情况进行选择。Photoshop可以制作静态效果，而3ds max可以制作全角度的动画效果，可以全方位观察包装。如图6-1至图6-4所示。

图6-1

图6-2

图6-3

图6-4

（2）包装样品制作

制作电脑效果图只是一种过程的辅助手段，对于包装设计师而言，实物的制作是必需的，在对电脑效果进行确定并修改调整后，将设计稿打印出来，折叠粘合成实际的包装，这样，与实际成品效果更接近，更直观明了，尤其是纸盒包装，通过样品实际效果可以来检验设计效果并检查包装尺寸是否正确、结构是否合理，对存在的问题可以马上进行调整。

6.2 输出稿的制作

6.2.1 模切板的制作

1. 模切

包装制作中通常对于非矩形的形状不能直接裁切，需要通过钢刀排列成成品的形状进行裁切，即模切。包装成品裁切线很少有标准的矩形，因此模切的制作是很关键的一步。另外，如果包装中有镂空或者挖空的处理，也需要进行模切。

2. 压痕

纸包装的成型通常是通过折叠、粘贴等手段完成的，由于包装用纸具有一定的厚度，折叠时会形成内外两个面，被拉伸的一面拉力过大，容易造成纸张断裂，纸张越厚越硬，外面的拉伸越强，破坏性也就越强，严重影响纸盒的牢固性和外观。为了防止出现裂痕，要使用压线刀制作压痕，使向外凸的角变为向内凹的角，形成拉伸力的缓冲，使纸盒折叠时保持很好的弹性，如图6-5所示。

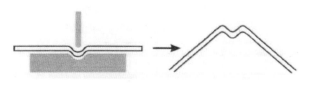

图6-5 压痕

3. 模切板

印刷厂进行模切和压痕的依据就是模切板，通常是将模切刀和压线刀组合在一个模板内，同时完成模切和压痕加工。

4. 制作模切板

制作模切版对线的样式有严格的要求，凡是需要裁切的部分都绘制粗实线，凡是需要折叠的部分都绘制虚线。在绘制的时候一定要准确无误，不能有丝毫偏差，如图6-6所示。

需要注意的是，成品裁切的尺寸一定要包括粘贴和插接的部分，虽然这两部分在包装成品外观上是看不见的，却是包装结构的重要组成部分，关系到包装的成型和稳定。

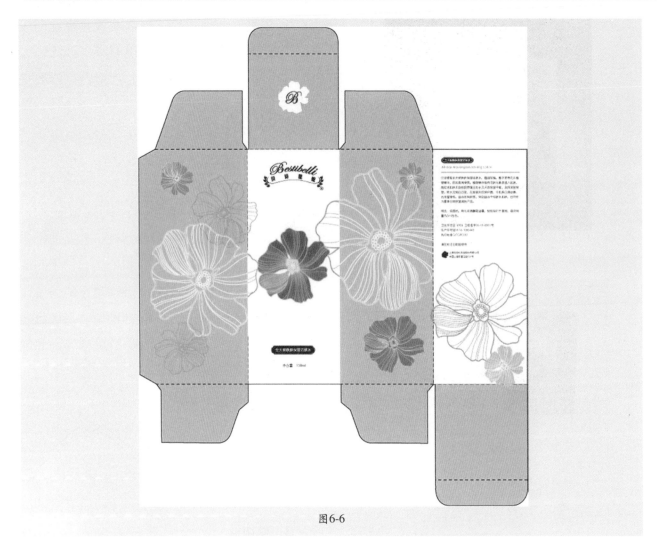

图6-6

6.2.2　制作输出稿

1．设置出血

包装在印刷完成后需要沿着成品裁切线进行裁切，机械化裁切的精确度很高，但也难免

会产生错位，如果裁刀向外偏，就会露出白纸。为了避免这种情况，在制作包装输出稿的时候，凡是有颜色、有线条或有图片的部分都需要从实际尺寸向外扩展一定的量，留出裁切的余地，这就是"出血"，3mm是现在通用的一种出血尺寸。在包装中，需要粘贴、插接的部分也应该留出余地，防止接缝边缘露白边。

2．制作输出稿

包装外轮廓线、内部结构线只是做图时的参照，需要全部清除，如图6-6所示就是最终用于印刷的输出稿。

6.2.3　印前检查

输出稿制作完成后就可以出片打样了，但是，为了确保文件正确无误，需要在之前对文件进行细致检查。

1．检查内容

（1）信息内容

仔细核对包装文字、图片信息是否准确，尤

其是文字内容有无错误，要全面细致，包括说明文字和标点符号都要逐字检查，要记住：一个字的错误也会导致最终成品的作废。

（2）字体匹配

Illustrator制作的文件可以直接送到制作公司出片，但是输出时往往会出现字体缺失或随意转换字体的现象，这是由于我们自己的电脑字库与制作公司的电脑字库并不一定能够匹配，解决这个问题可以采用几种方法：

①将使用的字体全部备份，与原文件一同拷走。

②将文件中使用的文字全部转为曲线，这种方法比较方便，较为常用。

③将文件输出为tiff格式，可以保证与原文件的一致性。

2．检查尺寸

仔细检查包装每一部分的尺寸是否准确，出血是否设置正确。

3．检查色彩

色彩模式图像的颜色模式的选择要根据设计种类和制作要求决定，大多数平面设计都是要依赖印刷技术，尤其是纸包装设计。

印刷品中分为单色印刷和彩色印刷，对于单色印刷比较容易理解，只使用一种颜色的印刷方式。而对于彩色印刷就比较复杂了，印刷机使用CMYK（青、品、黄、黑）四色油墨印刷来表现丰富多彩的色彩，因此，只要是彩色文件，都需要将文件的色彩模式转换为CMYK模式，最好的方法是，在制作草稿的时候，就要填充CMYK模式的颜色，置入的图片最好在置入之前设置为CMYK模式。

在进行颜色的检查时，最重要的颜色是品牌的LOGO，一定要准确无误。

4．检查图片

确保用到的彩色图片分辨率至少为300dpi，灰度图片分辨率至少为150dpi，如果条件允许，分辨率也可以再高一些，保证印刷质量和成品效果。

使用Illustrator制作文件时，文件中的图片分辨率取决于图片源文件，往往容易忽略，需要核对源文件的分辨率。对于置入的图片分辨率和质量一定要仔细检查把关，如果原图的质量不好，即使提高分辨率也不会增加图片的质量。因此，对于质量不好的图片，最好选择放弃，使用其他图片代替，或者索性修改设计方案。

此外，在使用Illustrator软件制作的文件中图片往往采用置入的方式，在送到输出中心时，一定记得将文件中置入的图片一起送到输出中心，否则会出错或得到低分辨率的图片。

作业练习与思考

1．包装模切板是什么？有什么用途？

2．包装在印刷前应该对分色胶片和打样结果进行哪些核对？

3．在包装输出打样过程中为什么要进行多次细致的检查？

4．作为一个包装设计师，懂得包装印刷工艺有必要吗？为什么？

读书笔记

学生制作的设计项目

■ 项目一

贵州华龙科技油茶有限责任公司（Guizhou Hualong Science and Technology Camellia Oil Co.,Ltd.）LOGO，产品包装设计方案征集

项目来源：任务中国网站

项目设计要求：外包装及包装瓶，要求简洁、大方、大气，最好分普通包装及礼品包装，包装需有产品LOGO及油茶公司LOGO，包装尺寸不限，但设计方案需提供尺寸及其他数据资料。下附参考图片，也可在搜索引擎搜索"茶油"。

参考图片（如下图）：

设计方案一（于小玉 设计）

效果图

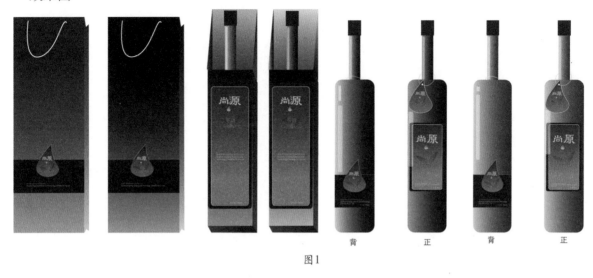

背　　　正　　　背　　　正

图1

设计实物样品

图2

图3

设计方案二（戴小丽 设计）

效果图

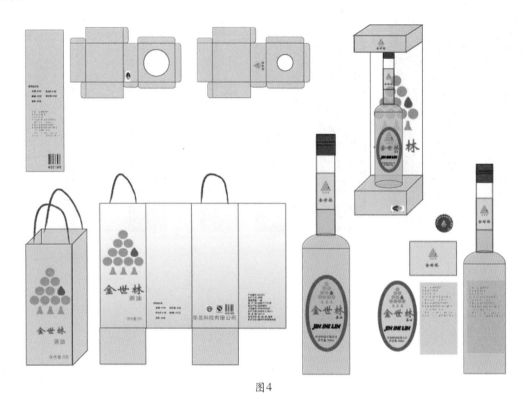

图4

设计实物样品

图5

设计方案三（马俊 设计）

效果图

图6

设计实物样品

图7

■ 项目二

白酒外包装及礼品袋设计

项目来源：任务中国网站

项目名称：白酒的革命——碱性酒

项目设计要求：

1．产品定位为中高端市场，所提交作品应简洁、大气并具有文化底蕴，突出产品特色。

2．设计作品应构思精巧，简洁明快，色彩协调，健康向上，有独特的创意，易懂、易记、易识别、易制作，有强烈的视觉冲击力和直观的整体美感，有较强的思想性、艺术性、感染力和时代感。

3．中标作品请提交完整的可用的图形源文件PSD、AI、CDR格式，及标志黑白稿以便进行修改和完善。

4．提供原创作品，并附有详细的设计创意说明。

说明：产品分为三款50ml和500ml两种规格容量（见附件），外包装风格初定为两种，一种为奢华感（见附件参考），另一种为简洁感。

希望各位发挥创意，将瓶标、外包装及礼品袋形成统一风格，如有不明之处可站内信交流，感谢各位的参与并期待与您合作。

产品介绍：

本公司与台湾专利技术公司合作，采用纳米高科技工艺首创碱性酒，是结合生化、医学、营养等学科综合研究的成果，使溶解于其中的有毒物质被释放，将大分子的酒和水经过活化变成短链的小分子团水并形成碱性酒。处理后的酒水分子团越小，活性就越大，其结构更接近人体细胞内的水，容易被细胞吸收，在不改变中国传统白酒醇香口味的基础上，同时具有很好的健康促进功能，具有帮助气血循环、消除疲劳、减轻压力和帮助睡眠的作用，饮后不口渴、不伤肝、不伤胃，是白酒的革命，取代市场上烈性酸性白酒的产品。

参考图片（如下图）：

设计方案一

效果图

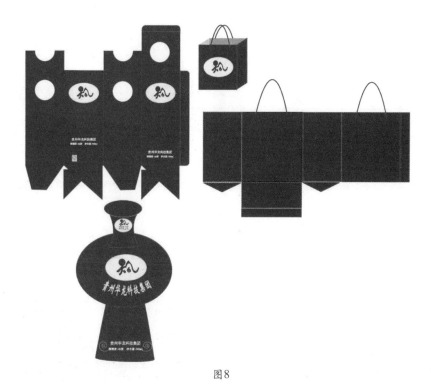

图8

设计实物样品

图9

设计方案二 （朱大林 设计）

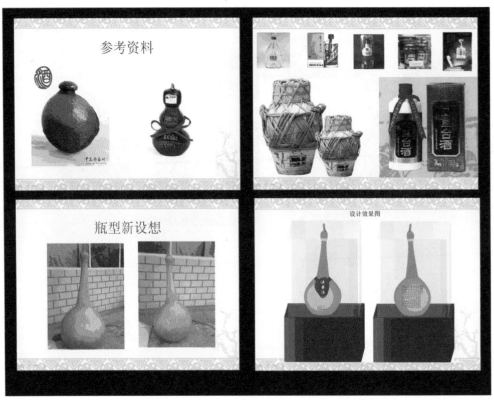

图10

效果图

图11

设计实物样品

图12

设计方案三 （高来权 设计）

效果图

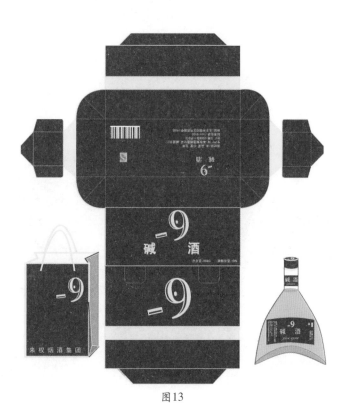

图13

设计实物样品

图14

更多设计方案

设计实物样品

图15　陈明 设计

图16　王赞 设计

图17　刘雨 设计

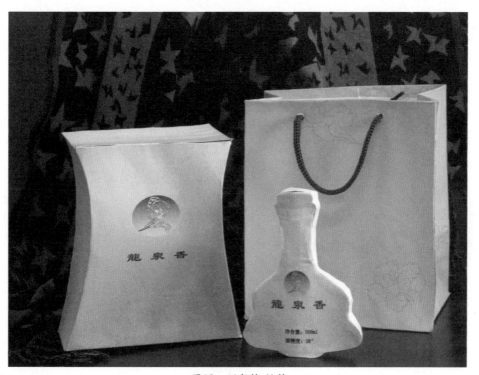

图18　刘新林 设计

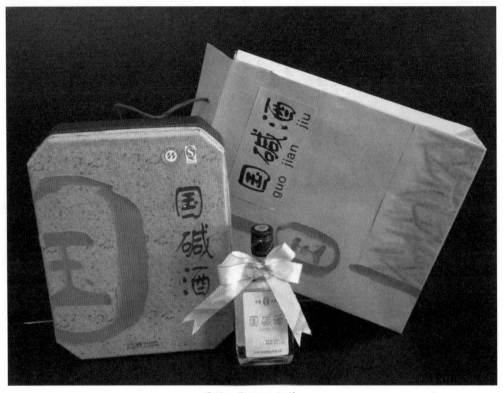

图19　张星辰 设计

■ 项目三

项目名称：酒包装设计

项目来源：任务中国

项目设计要求：

1．有5种酒，"资料"附件中分1号、2号、3号、4号、5号。

2．1号、2号、3号、4号这4种用白板纸装。盒平面形"资料"有。设计同一风格盒，每一种的瓶标内容不一样。盒子内部平面要有底案。

3．1号、2号、3号、4号要有单支装平面形，两支装平面形。单支装平面形"资料"有。两支装的可以在单支装有圆形卡槽那面扩大成两面卡槽，相对另一面也得扩大。

4．5号酒用木盒，单支装。自行设计。

5．5种盒，平面上的内容用"资料"提供的

那些（公司LOGO和名字+酒正面标字和LOGO+酒背面标字），条码区不用。

知识产权说明：

1．请保证作品的原创性及素材来源的合法性，投稿作品必须为投稿人独立创作，保证非改编、编撰等演绎作品；并保证不会侵犯他人著作权、肖像权、名誉权等合法权益。任何由此产生的法律风险由投稿人自己承担，同时我律师事务所将追究其一切责任。

2．中标工作者须提供设计作品完整的、可进行印刷制作的源文件及所用到的字体，以便进行修改。

3．选中的设计作品，我公司支付设计制作费后，即拥有该作品的全部知识产权，包括著作权、使用权和发布权等，有权对设计作品进行修

改和应用。

4．设计作品一经采用后，设计者不得再在其他任何地方使用该设计作品。

5．征集结果公布后，未采用的作品即可自行处理。

产品信息

PIPERS CREEK

CLASSIC RED

This wine is a classic blend of traditional grape varieties,each lending their own unique characteristics.A soft smooth,rounded wine with ripe juicy mulberry fruit and berry flavours.ldeal as an accompaniment with any meal or can simply be enjoyed on its own.

SOUTH EASTERN AUSTRALIA

WINE OF AUSTRALIA

750ML

APPROX 7.7 STANDARD DRINKS

13.0% ALC/VOL PRESERVATIVES(220) ADDED

公司名称：中国·汕头市澳利顺酒业有限公司

公司标志：

附图

1号

2号

3号

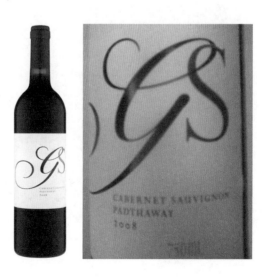

设计方案一（毕杰 效果图设计）

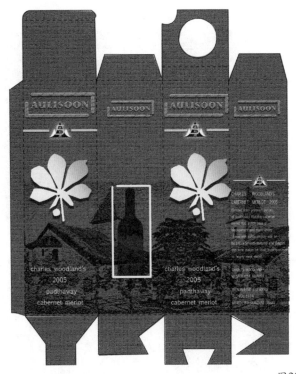

图20

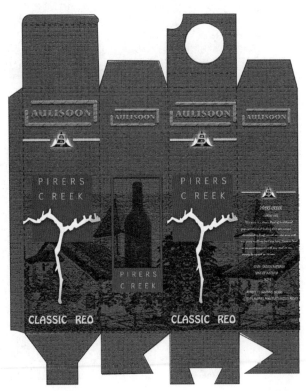

图21

设计方案二 （刘鑫希 手绘草图及电脑效果图设计）

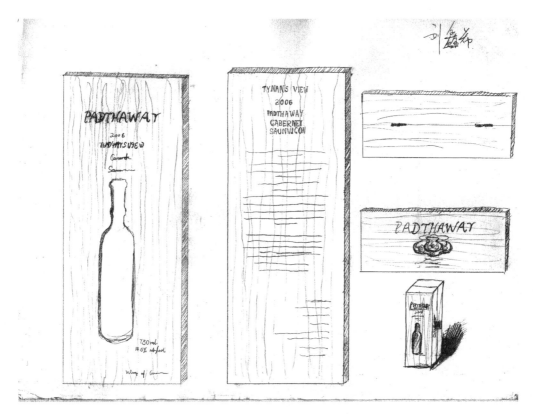

图22

图23

其他设计作品

图24 李雯设计

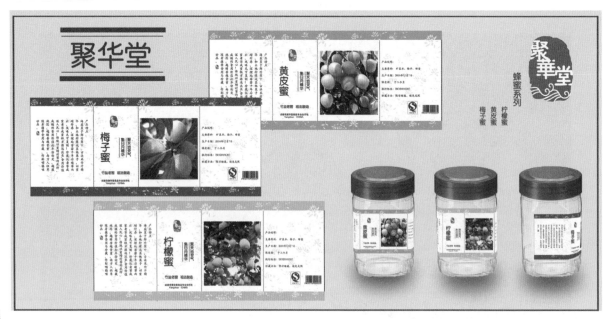

图25　郑亚庆设计

图26　郑亚庆设计

福梳

万福梳 梳子盒子外部为黑色，上边嵌有圆福团，寓意福气圆满，颜色为红色，寓意红红火火。盒子内部启与平常盒子形成明显区别，盒子利用红扣来连接，也是整个设计最突出的地方。整体设计都是围绕中国风设计，以大红色为主体颜色，黑色结合圆福底纹又很雅气，打开方式是利用福扣，新颖、独特，是选择送给长辈、亲戚、朋友很体面很有面子、有品位的礼物。

图27 郑亚庆 设计 获2011中国包装创意设计大赛优秀奖

单 品

内部展示

效果图

包装袋

红之韵

设计说明：

红色是中国的经典色，他代表着喜庆、祥和、幸福，此作品名为《红之韵》，此作品主要是以母亲节为主题。韵是一种美的旋律所以可以说是祝福母亲越来越美，越来越年轻，身形也越来越有韵味的美。

包装盒是木制的，盒顶的图案是一个布的刺绣，花是木棉花她代表着朴实幸福的生活，给人一种幸福的感觉，很温暖，很贴心，在上边有五个不同大小的福字，古语说：五福临门。中国结也是代表着幸福，可以说是一福到底。内部展示的是盒子里的物品，两把梳子成双成对，虽说是母亲节，但是父亲也应该有吧！也将祝福送给自己的父亲，让自己的父母越来越好。在盒子里还有一张福字卡，她可以把你想对母亲或父亲的祝福写在上面。

图28 毕杰 设计 获2011中国包装创意设计大赛二等奖

123

设计说明：

　　整个包装瓶体标签设计色调统一，布局对称，以橙黄色调为主，自然和谐，强调天然、彰显健康，蜂窝注满瓶身，实际原材料物质真实再现，贴近生活，体现自然，护佑健康，不同种类的实物以弧形展示于中央位置，形式

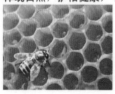

美观得体，文字清晰、醒目，健康口号明朗而亲切，并耐人回味，记忆识别性强，完美配合企业视觉识别系统。

题目：蜂蜜系列产品瓶体标签设计

作者：刘新林

班级：08广告设计与制作3班

导师：吕航

图29　刘新林 毕业设计作品 蜂蜜包装设计

图30 刘雨 毕业设计作品 礼品包装设计

参考文献

[1] 谢琪．纸盒包装设计（第一版）[M]．北京：印刷工业出版社，2008．

[2] 靳埭强．中国平面设计—包装设计（第一版）[M]．上海：上海文艺出版社，2009．

[3] 比尔·斯图尔特．包装设计培训教程（第一版）[M]．上海：上海人民美术出版社，2010．

[4] 伍立峰等．国际包装常识与包装设计（第一版）[M]．北京：印刷工业出版社，2008．

[5] 吴兴明．包装设计（第一版）[M]．杭州：浙江人民美术出版社，2009．

[6] 尚峰等．Photoshop & Coreldraw包装设计详解（第一版）[M]．北京：科学出版社，2009．

[7] 唐芸莉等．包装设计与制作（第一版）[M]．北京：化学工业出版社，2011．

[8] 刘丽华．包装设计（第一版）[M]．北京：中国青年出版社，2009．

[9] 马克·汉普希尔等．分众包装（第一版）[M]．北京：中国青年出版社，2008．

[10] 国家精品课程资源网http://www.jingpinke.com/．

[11] 沈卓娅．包装装潢设计与制作．国家精品课程 http://www.jingpinke.com/．

[12] 上海包装设计印刷网 http://www.baozhuanghe.org/index.php?view-359.html．

[13] 视觉中国 http://www.chinavisual.com/．

[14] 中国艺术设计联盟http://www.arting365.com/．

[15] 威客任务中国 http://www.taskcn.com/．

《电脑美术与艺术设计实例教程丛书》

《全国高职高专艺术设计专业基础素质教育规划教材》